国家自然科学基金项目（51904160）
内蒙古自治区重点研发和科技成果转化计划项目（2022YFHH0050）

低阶粉煤气流分选技术

李大虎　曹　钊◎著

中国矿业大学出版社
·徐州·

内 容 提 要

该著作在借鉴前人相关研究成果的基础上，对作者长期以来进行的低阶粉煤气流分选技术研究成果进行了系统性总结。全书内容共6章，包括低阶粉煤气流分选过程的理论分析、实验研究和数值模拟等方面研究成果，并重点对低阶粉煤多尺度颗粒在变径脉动气流场中的分选行为及动力学机理进行了详细阐述。

本书可供矿物加工工程专业的科研与工程技术人员参考。

图书在版编目(CIP)数据

低阶粉煤气流分选技术 / 李大虎，曹钊著. —徐州：中国矿业大学出版社，2023.6

ISBN 978-7-5646-5857-1

Ⅰ. ①低… Ⅱ. ①李… ②曹… Ⅲ. ①粉煤—煤气流—分选技术 Ⅳ. ①TD94

中国国家版本馆 CIP 数据核字(2023)第 101454 号

书　　名 低阶粉煤气流分选技术

著　　者 李大虎　曹　钊

责任编辑 王美柱　潘俊成

出版发行 中国矿业大学出版社有限责任公司

(江苏省徐州市解放南路　邮编 221008)

营销热线 (0516)83885370　83884103

出版服务 (0516)83995789　83884920

网　　址 http://www.cumtp.com　**E-mail**:cumtpvip@cumtp.com

印　　刷 江苏淮阴新华印务有限公司

开　　本 787 mm×1092 mm　1/16　**印张** 6.75　**字数** 173 千字

版次印次 2023 年 6 月第 1 版　2023 年 6 月第 1 次印刷

定　　价 40.00 元

前　言

随着我国煤炭工业西进战略的逐步实施，开发针对西部、北部地区煤炭资源储备特点的新型煤炭分选技术势在必行。新疆、内蒙古等地区煤炭资源储量丰富，煤炭种类以褐煤、次烟煤等低阶煤为主。现有的湿法选煤方法在分选低阶煤时，面临煤泥水处理困难、产品水分过高等诸多难题，应用受限。因此，亟须开发一种针对低阶煤，尤其是低阶粉煤的高效分选方法。

本书结合笔者自身教学和科研经历，在借鉴前人相关研究成果的基础上，对笔者长期以来进行的低阶粉煤气流分选技术研究成果进行了系统性的总结，以期为我国干旱缺水地区低阶粉煤提供一种有效的分选方法，并进一步丰富和完善矿物加工工程领域分选理论，促进煤炭干法分选领域技术创新。

全书内容共6章，第2章到第5章由李大虎撰写，第1章和第六章由李大虎和曹钊共同撰写，全书由李大虎统稿。本书内容主要包括低阶粉煤气流分选过程的理论分析、实验研究和数值模拟等方面研究成果，并重点对低阶粉煤多尺度颗粒在变径脉动气流场中的分选行为及动力学机理进行了详细阐述。希望此书内容能为各位同行专家所肯定，也希望此书中提出的低阶粉煤气流分选方法能为从事矿物加工工程专业的各位科研和工程技术人员提供一些参考。

本书在撰写过程中，得到中国矿业大学(北京)韦鲁滨教授和内蒙古科技大学曹永丹副教授的大力支持，在此表示衷心感谢。

由于笔者水平所限，书中难免存在部分缺点和不足，恳请各位读者批评指正。

著　者

2023年3月

目　录

1　低阶粉煤气流分选方法

1.1　概述

我国是世界上最大的煤炭生产国和消费国，煤炭在我国国民经济增长和社会发展中占有极其重要的地位。2021年我国原煤产量达40.7亿t，约占世界煤炭总产量的49%。2015年，煤炭消费量占我国能源消费总量的64%[1-3]。近年来随着我国能源结构的不断调整，煤炭在我国能源结构中占比有所下降，但"富煤、贫油、少气"的能源资源禀赋，决定了煤炭的基础能源地位短期内难以改变[4-7]。

煤炭为我国国民经济增长做出重大贡献的同时也带来了严重的环境污染，选煤是从源头治理燃煤污染，实现煤炭高效洁净利用最经济有效的方法[8]。现有的选煤方法主要为湿法分选，包括重介质分选、水力分选以及浮选等，采用这些方法可脱除煤中60%～80%的灰分和50%～70%的无机硫，大大降低煤炭利用过程中烟尘、硫化物的排放[9]。

我国煤炭资源种类和数量分布极不平衡，2/3以上的煤炭资源分布在内蒙古、山西、陕西等干旱缺水地区，湿法选煤方法受限；褐煤、次烟煤等低阶煤占比较多，占我国煤炭保有储量的45%，而低阶煤遇水易泥化，在湿法分选过程中容易造成煤泥水处理系统的堵塞、黏滞；此外，湿法选煤产品外在水分过高，在寒冷地区冬季易冻结，从而造成储藏和运输困难[10-12]。

由于湿法选煤难以应对缺水地区煤和遇水易泥化煤的有效分选，干法选煤技术成为解决以上问题的主要途径。干法选煤无须用水，省去了庞杂的脱水和煤泥水处理环节；干法选煤厂的基建投资和运行费用较湿法选煤厂更低，且整个选煤系统的占地面积大大缩小，可有效缓解工业广场的场地紧张问题[13-15]。此外，干法分选不增加煤炭产品水分，间接提高煤炭发热量。但当前已经工业应用的干法选煤方法，如空气重介质流化床分选和复合式风力分选都只能对>6 mm的块煤进行有效分选[16-21]，而占原煤量40%左右的<6 mm粉煤，因得不到有效分选而使用效率较低。因此，亟待开发针对粉煤的新型干法分选方法，从而实现煤炭的全粒级干法分选。

1.2　干法分选技术

现有的干法选煤方法主要有筛选、磁选、电选和重选等，这些方法主要基于煤的物理性质差异实现精矿与尾矿的分离，例如密度组成、粒度组成和形状分布等。其中，筛选[22]主要是通过筛分和手选方式去除煤中的大块矸石，由于该分选方式主要基于粒度差异，降灰效果不明显。电选、磁选[23-24]方法依靠矿物表面电磁特性的差异进行分选，需要将煤进行破磨处理，且磨矿粒度很细，选煤成本较高，处理量小，大规模工业生产困难较大。近年来，出现了一种采用激光识别技术和高压风枪相配合的新型干法选煤方法[25]，该方法虽然对环境污染少、工艺简单，但限于技术成熟度等原因，仅处于探索性研究阶段，并未大规模推广应用。目前工业应用的干法选煤方法主要有空气重介质流化床分选、传统风力分选和复合式干法分选。

空气重介质流化床干法选煤技术属于干式重介质分选，其介质密度与所要求的分离密度基本接近，从原理上讲，该方法具有分选精度高、处理粒度范围宽等优点。中国矿业大学研制了两段复合式大压降气体分布器，并在黑龙江省七台河市建成了世界上第一座工业应用的干法空气重介质流化床选煤示范厂[26]。近年来，日本、印度等国家根据中国矿业大学的研究一直开展跟踪研究[27-29]。空气重介质流化床干法选煤技术是煤炭分选领域的一项新技术，工业性实验完成后，推广该技术时遇到了可靠性差、介质回收困难等问题，当入选原煤中的扁平煤块含量较多时，气体分布器由于长期负荷运行极有可能出现堵塞现象。针对上述问题，研究人员又做了大量相关研究，但还需要进行工业性验证[30-32]。

传统风力选煤技术，主要采用空气作为分选的介质，在高速上升气流中对煤炭进行选别，从而分选出精矿和尾矿[33-35]。典型的风力分选设备主要有风力摇床(air table)、风力跳汰机(air jigs)等。该选煤方法尤其适合缺水地区的煤炭分选，且不需要煤泥水处理系统，具有投资省、占地面积小、工艺流程简单的优点。但是，风力选煤的分选介质密度极小，使得其分选效果受入选物料的形状和粒度等性质影响很大。除此之外，风力选煤方法的分选密度较高、分选数量效率很低、工作风量很大、粉尘污染严重，导致其应用范围逐渐减小[36]。曾经有乌克兰学者明确提出，风力分选技术过于落后，不适合现代选煤工业。鉴于此，世界各国逐渐有意识地降低风力选煤设备的使用比例，至 20 世纪 70 年代，苏联风力选煤设备使用比例已由最初的 19.7%下降至 11.4%，美国风力选煤设备使用比例由 14.2%下降至 4.0%。至 21 世纪初，俄罗斯仅有 8%左右煤炭采用风力分选，美国则已完全放弃对该技术的开发[37-38]。

复合式干法选煤设备主要是指 FGX 干法分选机，是我国在风力摇床、风力跳汰的基础上自主研发的一种新型选煤机械，该设备利用振动力和风力的双重作用，使被分选物料以翻转方式运动，从而形成床层的松散、分层[39-41]。由于该干法选煤系统具有不用水、投资少、流程简单等优点，被市场广泛认可，已出口至美洲、非洲、东南亚等地区。但该干法选煤方法同样限于介质密度较低等原因，面临分选密度过高、分选精度不足等问题，因此，该技术主要用于动力煤排矸以及高硫煤的脱硫降灰[42-44]。

不难发现，目前工业应用的以上几种干法重选方法均难以实现＜6 mm 粉煤的高效分选。复合式分选通过将细粒物料与空气混合成为气固悬浮体，产生类似流体的浮力效应，对＞6 mm 粗粒级煤炭的分选效果有一定的改善。而＜6 mm 细粒物料在复合式干法分选机中缺乏足够的按密度分离效应，在高速气流场中返混严重，基本没有分选效果。而空气重介质流化床在细粒级煤炭分选方面虽有少量基础研究，但并无实质性的应用可行性报道。Z. F. Luo 等[45]、杨旭亮等[46]将振动或磁场引入空气重介质流化床，研究 6～1 mm 粉煤的干法分选。将振动或磁场引入空气重介质流化床，可以对 6～1 mm 粉煤取得一定的分选效果，但因粉煤与加重质的粒度过于接近，气固悬浮体连续介质的假设已不充分，其重介质分选效应大大降低，而加重质在流化床中的返混使得粉煤的运动错配效应较大，对分选效果的综合影响还有待进一步检验。更为重要的是，目前的干法筛分技术无法将粉煤与加重质通过筛分进行初步分离，致使加重质的回收困难，难以工业应用。因此，基于以上加重质回收等问题，细粒粉煤的干法分选宜采用以空气为介质的气流分选方式。

1.3 气流分选技术

气流分选是干法分选方式的一种，最早用于小麦、大豆等粮食作物的分选。其基本原理为，密度较小的物料在气流作用下由分选机上部排出，而密度较大的物料则由于惯性作用沉降至分选机底部。气流分选以空气为分选介质，将密度不同的物料分离，其具有用水少、成本低、污染小以及产品和介质不需脱水环节等优点。

传统的气流分选采用恒定气流分选的方式，以水平式(卧式)和垂直式两种装置形式为主，主要用于农业稻谷分类、纤维性固体废弃物分离、城市垃圾处理等。D. M. I. Murilo等[47]采用气流分选设备分选大豆，大豆回收率达99%，分选效果满足工业要求。A. H. A. Eissa[48]利用气流分选机对亚麻仁等粮食作物进行分选，对分选操作条件进行优化，取得了不错的分选效果，亚麻仁分选效率达到95.22%。李晓等[49]通过优化入风形式，在水平风中加入垂直风，对已分选物料进行再次风选，优化风选效果，扩展了风选设备在烟草行业的应用前景。殷进等[50]采用气流分选方法对废弃电路板中的有价组分进行分离回收，结果表明在最佳操作气速范围内，有价组分的回收率均可达95%以上。周旭等[51]将传统破碎、筛分工艺与气流分选组合，有效回收了废旧电池当中的铜和碳组分，回收效果良好，铜回收率可到92.3%。陈金发等[52]、提墨尔等[53]对各种形式气流分选设备在垃圾处理方面的应用进行了总结。李金亮[54]通过对自制倾斜式气流分选设备进行改进，优化风选通道，提高了城市垃圾分类回收效率。丁涛等[55]将废弃线路板粉碎后采用气流分选机回收有价组分，结果表明，当被选物料粉碎至0～60网目时，分选效果最好，金属含量可达95%。杨先海[56]通过实验研究得出，在分选效率保持不变的情况下，使用向上倾斜送风的方式能显著地降低气速，降低功率消耗和设备生产成本。孙鹏文等[57]、李兵等[58-59]、高春雨等[60]研究了城市垃圾处理使用的气流分选机内部流场特性，并对进风角度、入口风速等操作参数进行了优化。此外，吴林彦[61]、丁涛[62]也对气流分选在垃圾分类、废弃电路板金属回收等方面进行了应用研究。典型的水平式和垂直式气流分选机结构如图1-1所示。

传统气流分选以空气作为介质在恒定气流场中对物料进行分选，而空气的密度与物料密度相差太大，导致分级作用超过分选作用，造成分选效率低、适应性差等缺陷。为了克服传统恒定气流分选的局限性，有研究者提出了脉动气流分选方式，脉动气流分选除了利用颗粒沉降速度效应进行分离外，更着眼于颗粒的加速度效应。按照产生脉动气流方式的不同，分为被动脉动气流和主动脉动气流两种。被动脉动气流是在分选机内局部形成收缩或转折结构以产生气流的脉动，而主动脉动气流则是直接以周期性变化的气流作为风源进行分选作业。

20世纪80年代，杜克大学研究小组[63]对传统气流分选装置进行改进，首次提出被动脉动气流分选方法。他们分别将分选区域设计成局部截面收缩、转折和倒锥式等不同结构形式的分选管道，对城市固体废弃物进行分选。由于分选管道内气流产生了阻尼式的脉动，分选效率大为提高。J. J. Peirce等[64]、P. A. Vesilind等[65]依据该原理，自行研制了一种被动

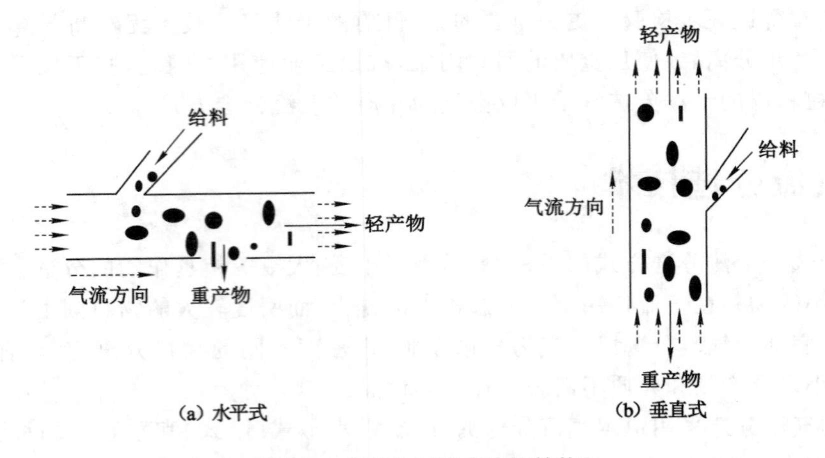

图 1-1 典型的气流分选机结构

脉动气流分选机，对固体废弃物进行分选，结果表明被动脉动气流分选机较传统气流分选机，分选效率大幅度提高。伊藤信一等[66]通过在直筒柱式气流分选机不同位置处安装节流孔的方式，使气流在分选柱内形成加速区来分选铝和铜，分选效率高达 95%以上。段晨龙等[67-68]、何亚群等[69]对塑料和铝进行了被动脉动气流分选，并研究了阻尼块数量、阻尼块形状、分选柱高度、给料量等参数对分选效果的影响，发现相比传统气流分选装置，被动脉动气流分选机效率可提高 6%以上，但实验中所用的分选物料是 6 mm 或 10 mm 单一粒度材料，分选机入料适应性较差。典型的转折式和阻尼式被动脉动气流分选装置示意见图 1-2。

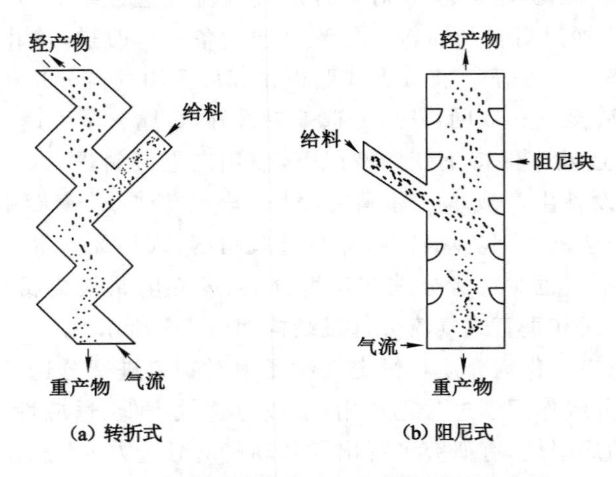

图 1-2 典型的被动脉动气流分选装置示意图

在被动脉动气流分选机研制出不久之后，R. I. Stessel 等[70]、J. W. Everett 等[71]就进行了主动脉动气流分选实验。他们采用几种不同结构形式的脉动气流分选机进行分选对比实验，发现主动脉动气流分选机效果更好。此后，该研究小组又提出了一套完整的气流连续分选工艺。C. L. Duan 等[72]、贺靖峰等[73]、Y. Q. He 等[74]利用废弃电路板、蛭石以及废弃催化剂等作为分选物料进行了大量实验，研究了物料性质、分选柱高度、给料量等对主动脉动气流分选的影响。宋树磊等[75]利用高速动态摄像机研究了主动脉动气流分选机内部流场中不同性质颗粒的运动特点。王海锋等[76]采用实验方法研究了脉动频率、风速等参数对电子废弃物分选效果的影响,发现气流频率和风速的交互作用对分选效果影响显著。王帅等[77]尝试采用主动脉动气流分选机分选 6～3 mm 粉煤,发现气速与给料量之间的交互影响对分选效果影响较大。周国平等[78]研究了从废弃催化剂中提取有价组分的方法,讨论了不同组分相应的回收方法,并将气流分选机作为回收工业贵金属的前处理设备。典型的主动脉动气流分选装置示意见图 1-3。

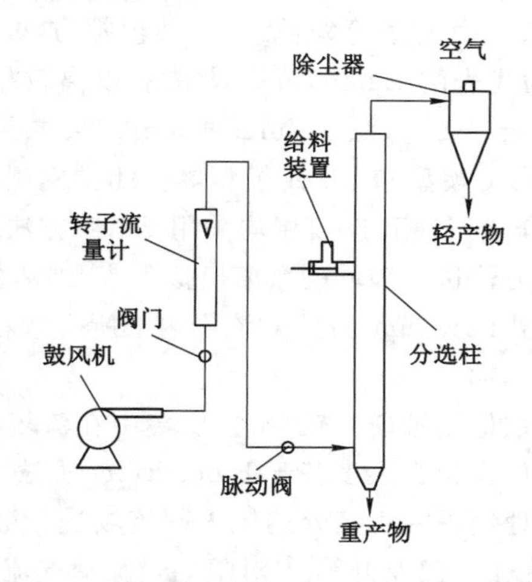

图 1-3 典型的主动脉动气流分选装置示意

气流分选理论研究方面,徐敏等[79]在采用气流分选方法回收废弃线路板中有价组分的过程中,以自由沉降理论解释层流区、过渡区和牛顿区等不同流动状态下,颗粒粒度范围对其分离特性的影响。高英力等[80]结合分形理论讨论了气流分选过程中煤灰的粒度组成特征,结果表明,分形维数值可大致反映煤灰的粒度组成以及级配特点。宋维源等[81]基于黏性流体力学理论,研究了煤粒在分选机气室内的横向和纵向运动规律,并建立了相应的分选数学模型。R. I. Stessel 等[82]通过分析两个在空气中沉降末速度相同、性质不同的颗粒的运动差异行为,认为颗粒在脉动气流中之所以能相互分离,是因为两颗粒的初始加速度不同,大密度颗粒速度从始至终比小密度颗粒的快,从而实现按密度分选的效果。之后,R. I. Stessel 等[83]又针对主动脉动气流分选过程进行了大量理论分析,并建立了分选过程中单颗粒运动的动力学微分方程,认为颗粒密度越小,其在脉动气流场中所受附加质量力越大,附加质量力对提高按颗粒密度分选的效果极为有利。P. B. Crowe 等[84]利用热敏风速仪测定了分选柱内的气流速度分布,对同一种颗粒在 5 种不同气流分选装置中的分选效果进行了对比,发现分选柱高度对分选效果有一定影响,并认为可能是分选柱底部气流湍动较大等原因造成的。C. R. Jackson 等[85]采用数值计算方法研究了颗粒在流场中的运动轨迹,分析了影响颗粒分离的主要因素,认为颗粒的反复加速、减速有利于轻重产物分开。何亚群等[86]的分选过程高速动态实验结果也表明,脉动气流中,颗粒的速度已经十分接近其在空气中的理论沉降末速,若想通过脉动气流的振荡作用促使颗粒沉降速度始终低于理论沉降末速,有一定的难度。何亚群等[87]依据颗粒运动动力学微分方程,研究了主动脉动气流场中颗粒的运动行为,认为气流振荡的累积效应增强了稀相条件下颗粒以密度为主导因素分离的效果。葛林瀚[88]通过数值分析得出,气流分选的过程当中,颗粒的速度接近其自由沉降的速度,实际分选时很难按照初始加速度差理论控制颗粒按密度分离，且颗粒密度远大于气流密度时，虚拟质量力可忽略不计，其研究结果认为，脉动气流之所以能强化颗粒按密度分离的趋势，主要是因为粒群环境下，离散相的体积浓度增加导致颗粒受到惯性作用力变大。由于脉动气流场中流态复杂，颗粒的运动规律和分离特性须做进一步的深入研究。

从多相流的角度来讲，气流分选为典型的气固两相流动体系，离散颗粒由于重力、气流曳力等作用按粒度或密度差异实现相互分离。以往关于气固两相流的数值模拟研究主要集中在流化床分离、旋风分离、气力输送等领域[89-91]，其模拟方法主要分为两类，即以多相流模型(multiphase models)为代表的 Euler-Euler 方法和以离散相模型(discrete phase model，DPM)为代表的 Euler-Lagrange 方法。Euler-Euler 方法主要用于浓相流化床的数值模拟[92-96]，如 VOF 模型、Mixture 模型和 Euler 模型等。此类模型将离散相拟流体化，并近似认为其为性质均一的连续介质，气相、连续相均采用 Euler 方法进行描述。Euler-Lagrange 方法主要用于旋风除尘、气力输送等领域的数值模拟[97-98]，如离散相模型(DPM)、离散元模型(DEM)等。该类模型采用 Lagrange 方法对流场内部所有颗粒的位置及其他动力学参数分别跟踪，以求解离散相的运动。

目前，气流分选方面的数值模拟研究较少，主要集中在流场模拟、分选机结构优化等方面，为数不多的分选过程数值模拟也大多基于 Euler-Euler 方法。孙鹏文等[57]、李兵等[58]采用 CFD 方法对城市垃圾处理使用的气流分选机内部流场进行数值模拟，并对进风角度、入口风速等操作参数进行了优化。何亚群等[87]对阻尼式脉动气流分选机流场进行模拟，发现阻尼块附近气流的加速效果明显。高春雨等[60]采用 Euler-Euler 方法，对气流分选机内部流场中固相颗粒平均速度进行了数值模拟，认为风速和固相性质是决定分选好坏的最主要的因素。J. F. He 等[99]利用数值模拟方法研究了柱式脉动分选机内气流场的速度、压力分布，以及对颗粒运动的影响。贺靖峰等[100]采用 Euler 多相流模型，计算模拟了采用主动脉动气流分选机分选蛭石的过程，模拟的结果与实验基本一致。

1.4 低阶粉煤变径脉动气流分选技术

$<$6 mm 低阶粉煤干法分选的难度在于颗粒粒度细、密度差小。虽然以上被动式和主动式脉动气流分选方法较传统的恒定气流分选效果有一定程度改善，但煤与矸石的密度差只有 0.3～0.5 g/cm^3，被动式和主动式脉动气流分选的效果仍然不够理想。韦鲁滨[101-102]在研究气固流化床二元加重质流化特性过程中发现，通过将流化床床体改为具有锥形段的特殊床型后，可将密度不同的两种介质分层形成具有稳定密度的双密度层的空气重介质流化床。S. B. Schut 等[103]在研究气固两相流在方形变径管内的流动行为时发现，变径结构可使不同颗粒由于惯性差异而分离并出现返混现象。K. Miura 等[104]对锯齿型气流分选机结构进行改造，将分选筒体改为锥形形式，造成气流速度沿筒体方向的变化，大大减少了上升气流所夹带走的重产物的数量。

基于此，课题组将变径结构和脉动气流两个强化手段相结合，提出采用变径脉动气流分选装置分选$<$6 mm 粉煤。研究结果表明[105-106]，变径脉动气流分选装置不仅分选时间短、分选精度高，且对 6～3 mm 细粒煤的分选数量效率可达 90%。

此外，变径脉动气流分选机不仅可对$<$6 mm 粉煤进行高效分选，也可用于低阶煤粉煤

的分选-干燥一体化或分级-干燥一体化工艺当中，同时实现低阶煤的干燥与脱灰，这无疑将大大简化工艺流程，减少基建及运行成本。研究表明[107-111]，脉冲气流干燥促使被干燥物料在干燥管中周期性的加速、减速运动，极大增加了气相与固相颗粒间的速度差和接触面积，从而提升传热的效率。侯浩[112]采用将热空气鼓入脉动气流分选机中代替常温空气的方式，进行了 3～1 mm 与 6～3 mm 褐煤分选-干燥的基础实验研究，结果表明，6～3 mm 粒级褐煤经分选-干燥协同提质作用，可有效降低精煤灰分和水分，提高可燃体回收率，可满足褐煤的流化床气化预处理指标要求。韩树晓[113]采用粉煤流化床干燥分级一体化实验平台，进行了粉煤干燥-分级协同实验研究，实现了粉煤在流化床干燥器中的干燥和分级，通过该装置可得到不同含水量、不同粒度范围的干燥粉煤，满足气化工艺用煤基本要求。

2 气流分选机脉动流场特性及强化分离机理

2.1 脉动气流平面波动传递机制

脉动气流由底部入口给入分选机后，沿分选机的柱高方向逐渐传递，其波动形式类似声波在空气中的传递。由于分选机的柱高尺寸远大于其直径尺寸，为简化起见，本书近似认为分选机竖直方向的某一截面上各点的流体参数相同，即忽略管壁的边界层效应对流体速度分布和压力分布的影响，因此，分选机内各点的流体参数仅是时间和位置的函数。图 2-1 所示为某一时刻 t、不同位置 x 时的气流速度波形示意图。

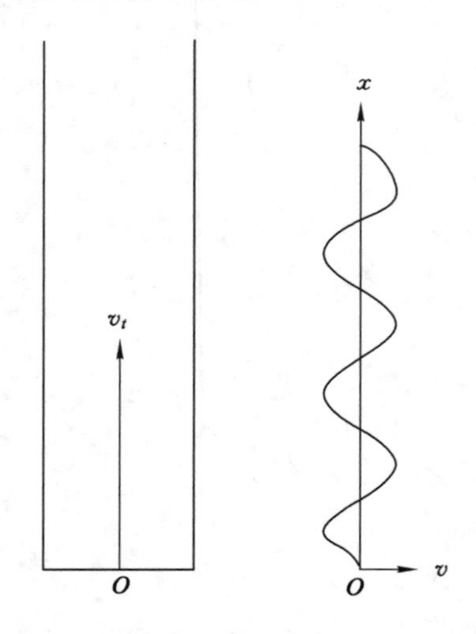

图 2-1　脉动气流在分选机中的波形传递

不同材料制成的分选机，其管壁粗糙度也不相同，因此，脉动气流经过分选机时，管壁的阻尼作用造成的脉动速度振幅损失量也不相同。为此，下面分两种情形分别研究脉动气流的平面波动传递规律：

（1）管壁较光滑、脉动速度振幅损失忽略不计时，无阻尼条件下的脉动气流波动传递规律；

（2）管壁粗糙度较高、摩擦系数较大、脉动速度振幅损失不可忽略时，阻尼条件下的脉动气流波动传递规律。

2.1.1　无阻尼脉动气流传播特性

根据图 2-1，将分选机内气流的脉动看作一维速度波动在流动气体中的传播，无阻尼条件下，管壁相对光滑、摩擦系数较小，可假设脉动气流波动传递过程中能量损失较小，近似为理想气体的等熵过程，因此，不同时刻脉动气流波形基本保持不变，仅发生相位的变化。

气流分选过程中，分选机底部鼓入由恒定主风量和辅助脉冲风量叠加而成的脉动气流，受阀门控制，脉动气流理论上为梯形脉动形式，如图 2-2 所示。

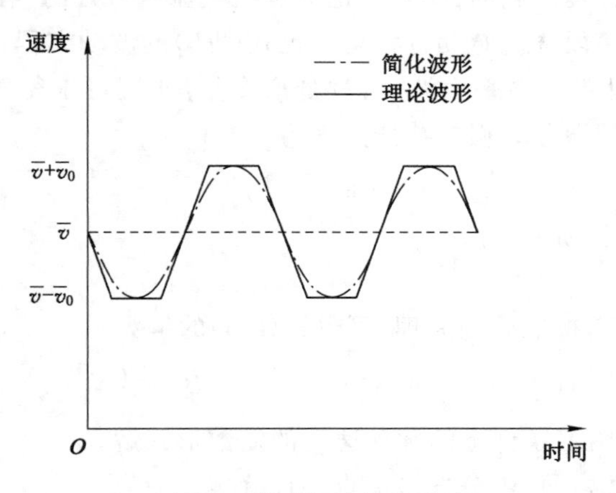

图 2-2　脉动气流简化形式

但由于电磁阀控制流量存在一定的滞后性，实际计算时对脉动气流波形进行简化，近似认为入口处周期脉动气流的速度 v 符合正弦波的形式：

$$v=\bar{v}+v_0\sin(2\pi ft) \tag{2-1}$$

式中　v——入口气速，m/s；

$\bar{v}$——入口气速均值，m/s；

v_0——脉冲气速幅值，m/s；

t——时间，s；

f——气流脉动频率，Hz。

因此，式(2-1)可按照一般简谐振动方程写为

$$v-\bar{v}=v_0\sin(2\pi ft) \tag{2-2}$$

即振幅为 v_0 的波以速度 $\bar{v}$ 传播，当波沿向上方向传播时，若距原点 x 处的点的相位落后 $2\pi f\dfrac{x}{\bar{v}}$，则该点处的波函数可表示为

$$v-\bar{v}=v_0\sin\left[2\pi f\left(t-\frac{x}{\bar{v}}\right)\right] \tag{2-3}$$

式中　x——某点距原点 O 的距离，m。

对式(2-3)求 t 和 x 的二阶偏导可得

$$\frac{\partial^2(v-\bar{v})}{\partial t^2}=-v_0\ (2\pi f)^2\sin\left[2\pi f\left(t-\frac{x}{\bar{v}}\right)\right] \tag{2-4}$$

$$\frac{\partial^2(v-\bar{v})}{\partial x^2}=-v_0\frac{(2\pi f)^2}{\bar{v}^2}\sin\left[2\pi f\left(t-\frac{x}{\bar{v}}\right)\right] \tag{2-5}$$

以上两式相除即可得到

$$\frac{\partial^2(v-\bar{v})}{\partial x^2}=\frac{1}{\bar{v}^2}\frac{\partial^2(v-\bar{v})}{\partial t^2} \tag{2-6}$$

式(2-6)表示气流分选机中，不同时刻 t 和不同位置 x 时，各点处的脉动气流速度的表达式，即脉动气流波动方程。容易证明，无论分选机气流入口处的气流速度以何种简谐波的形式在管内传递，其直筒段气流脉动方程均满足式(2-6)的波动方程。

对于式(2-6)所表达的简谐平面波，通过分离变量法[114]可求得气流速度的复数形式的表达式，该常系数二阶偏微分方程的特征方程为

$$-\omega^2=\bar{v}^2\gamma^2 \tag{2-7}$$

式中　ω——脉动圆频率，$\omega=2\pi f$；

γ——待求量。

求得式(2-7)的根后，按照叠加原理，可得式(2-6)的解为

$$(v-\bar{v})_t^*=A^*\mathrm{e}^{\mathrm{j}\omega\left(t-\frac{x}{\bar{v}}\right)}+B^*\mathrm{e}^{\mathrm{j}\omega\left(t+\frac{x}{\bar{v}}\right)} \tag{2-8}$$

式中　$(v-\bar{v})_t^*$——无阻尼条件下的脉动速度的复数形式解；

A^*,B^*——复数常数，由分选机端点条件确定。

通过式(2-8)，可求得不同位置、不同时刻气流速度的大小，且波动方程的解采用复数形式可大大简化分析过程。根据 Euler 公式

$$\mathrm{e}^{\mathrm{j}\theta}=\cos\theta+\mathrm{j}\sin\theta \tag{2-9}$$

可得公式(2-8)的实部和虚部分别为

$$\begin{cases}(v-\bar{v})_{实}=A^*\cos\left[\omega\left(t-\frac{x}{\bar{v}}\right)\right]+B^*\cos\left[\omega\left(t+\frac{x}{\bar{v}}\right)\right]\\(v-\bar{v})_{虚}=A^*\sin\left[\omega\left(t-\frac{x}{\bar{v}}\right)\right]+B^*\sin\left[\omega\left(t+\frac{x}{\bar{v}}\right)\right]\end{cases} \tag{2-10}$$

对该解的实部或虚部分别进行分析，其最终结果一致，以方程解的虚部为例，可得气流速度

$$(v-\bar{v})_{虚}=A^*\sin\left(2\pi ft-\frac{2\pi f}{\bar{v}}x\right)+B^*\sin\left(2\pi ft+\frac{2\pi f}{\bar{v}}x\right) \tag{2-11}$$

式(2-11)给出了 t 时刻分选机中距离底部入口 x 的横截面处的脉动速度的幅值，表达式右侧第一项初相位是 $-\frac{2\pi f}{\bar{v}}x$，右侧第二项初相位是 $\frac{2\pi f}{\bar{v}}x$，该两项叠加之和为驻波，即同一时刻，分选机中各处脉动速度由初相位相反的两个行波叠加而成。

变径脉动气流分选机中间部分为先扩径再缩径的变径段结构，式(2-3)并不能准确描述脉动气流传递至变径段时的波动传递方式，因此，需采用锥角对该式进行修正。

以变径段渐扩段为例，如图 2-3 所示。

图 2-3 中，直筒段直径为 d，锥角为 2α，直筒段的长度为 x_1，则扩径段某个截面 x 处的脉动气流平均气速将显著降低，该处距直筒段最高点距离为 $(x-x_1)$，因此该处截面积与直筒

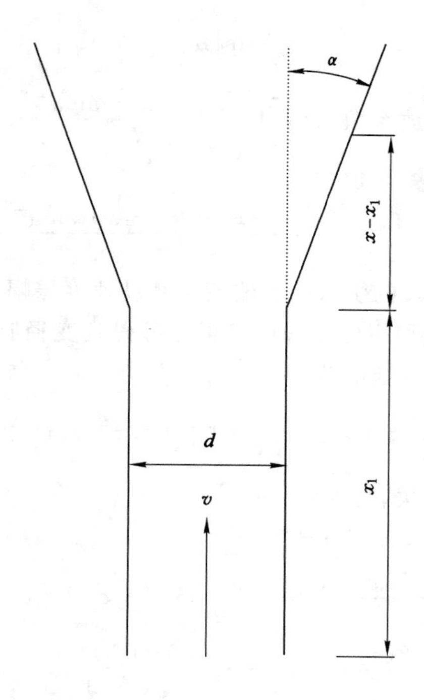

图 2-3 变径段波形传递示意图

段截面积之比为

$$\frac{S_1}{S_0}=\frac{[d+2(x-x_1)\tan\alpha]^2}{d^2}=\left[1+\frac{2(x-x_1)\tan\alpha}{d}\right]^2 \tag{2-12}$$

式中 S_1——扩径段 x 处截面积；

S_0——直筒段截面积。

则脉动气速振幅为

$$v_1=\frac{v_0}{\left[1+\frac{2(x-x_1)\tan\alpha}{d}\right]^2} \tag{2-13}$$

同时，该截面处平均气速减小为

$$\bar{v}_1=\frac{\bar{v}}{\left[1+\frac{2(x-x_1)\tan\alpha}{d}\right]^2} \tag{2-14}$$

代入式(2-3)可得扩径段脉动气流方程

$$v-\frac{\bar{v}}{\left[1+\frac{2(x-x_1)\tan\alpha}{d}\right]^2}=$$

$$\frac{v_0}{\left[1+\frac{2(x-x_1)\tan\alpha}{d}\right]^2}\sin\left\{\omega\left[t-\frac{x}{\bar{v}}\left(1+\frac{2(x-x_1)\tan\alpha}{d}\right)^2\right]\right\} \tag{2-15}$$

为简便起见，将式(2-15)简化为

$$v-\frac{\bar{v}}{\lambda}=\frac{v_0}{\lambda}\sin\left[\omega\left(t-\frac{x}{\bar{v}}\lambda\right)\right] \tag{2-16}$$

式中　λ——变径段的速度缩放系数，$\lambda=\left[1+\frac{2(x-x_1)\tan\alpha}{d}\right]^2$。

同理可得，缩径段缩放系数 λ 值为

$$\lambda=\left[1+\frac{2(x_1+x_2+x_3-x)\tan\alpha}{d}\right]^2 \tag{2-17}$$

观察式(2-16)可知，变径段的引入同时改变了脉动速度振幅和该点 x 与原点的相位差，即只需对式(2-8)中速度振幅和相位差进行修正即可得到变径脉动气流分选机中的波动方程。采用参数 λ 对式(2-8)进行修正，则为

$$\left(v-\frac{\bar{v}}{\lambda}\right)_t^*=\frac{A^*}{\lambda}e^{j\omega\left(t-\frac{x}{v}\lambda\right)}+\frac{B^*}{\lambda}e^{j\omega\left(t+\frac{x}{v}\lambda\right)} \tag{2-18}$$

其中，参数 λ 与距离 x 有关，见式(2-19)：

$$\begin{cases}\lambda=1,0\leqslant x\leqslant x_1\\ \lambda=\left[1+\frac{2(x-x_1)\tan\alpha}{d}\right]^2,x_1<x\leqslant x_2\\ \lambda=\left[1+\frac{2(x_1+x_2+x_3-x)\tan\alpha}{d}\right]^2,x_2<x\leqslant x_3\\ \lambda=1,x_3<x\leqslant x_4\end{cases} \tag{2-19}$$

式中，x_1、x_2、x_3、x_4 如图 2-4 所示。

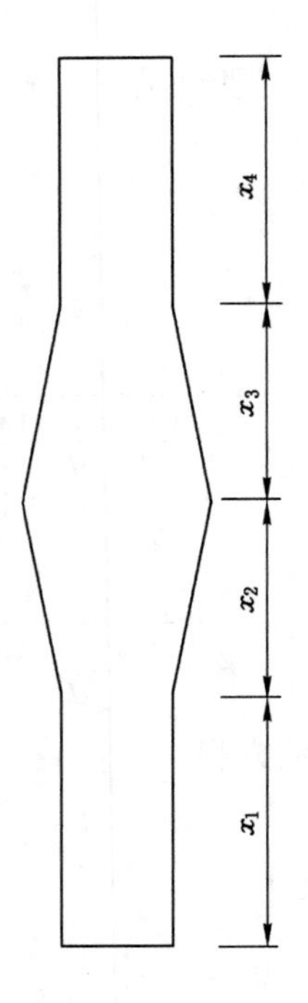

图 2-4　不同高度尺寸示意图

2.1.2　线性阻尼脉动气流传播特性

阻尼条件下，分选机管壁粗糙、摩擦系数较大，脉动气流波动传递过程中能量损失不可忽略，因此，不同时刻脉动气流波形除了发生相位的变化外，其振幅也逐渐减小，如图 2-5 所示。

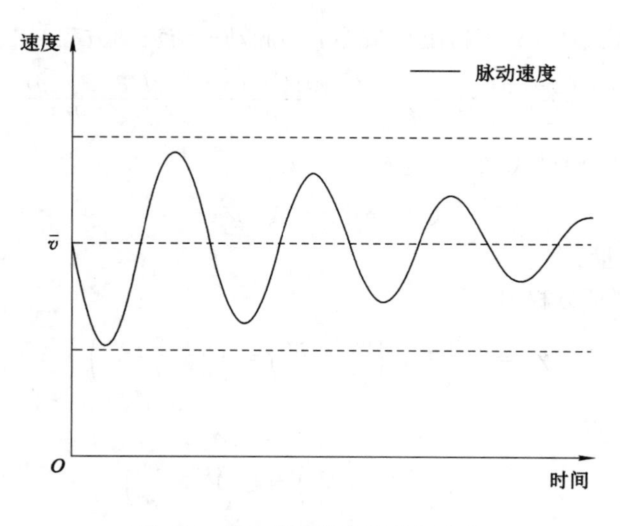

图 2-5　脉动速度振幅损失示意图

对于变径脉动气流分选机而言，脉动气流沿分选机向上传递，脉动速度振幅逐渐减小，其波函数变为

$$v-\bar{v}=v'_0\sin\left[\omega\left(t-\frac{x}{\bar{v}}\right)\right] \tag{2-20}$$

式中　v'_0——阻尼条件下脉动速度振幅，随高度增加逐渐减小。

假设脉动气流速度振幅衰减率仅与管壁粗糙度有关，且速度振幅随气流传递高度的增加而线性减小，则

$$\frac{\mathrm{d}v'_0}{\mathrm{d}x}=-k \tag{2-21}$$

式中，k 为阻尼系数，与管壁摩擦系数有关。

对式(2-21)积分得

$$v'_0=-kx+b \tag{2-22}$$

考虑边界条件 $x=0$，$v'_0=v_0$，可得 $v'_0=v_0-kx$，代入式(2-20)可得

$$v-\bar{v}=(v_0-kx)\sin\left[\omega\left(t-\frac{x}{\bar{v}}\right)\right] \tag{2-23}$$

进一步对式(2-23)分别求 t 和 x 的二阶偏导可得

$$\begin{cases}\dfrac{\partial(v-\bar{v})}{\partial t}=\omega(v_0-kx)\cos\left[\omega\left(t-\dfrac{x}{\bar{v}}\right)\right]\\[2ex]\dfrac{\partial^2(v-\bar{v})}{\partial t^2}=-\omega^2(v_0-kx)\sin\left[\omega\left(t-\dfrac{x}{\bar{v}}\right)\right]\end{cases} \tag{2-24}$$

$$\begin{cases}\dfrac{\partial(v-\bar{v})}{\partial x}=-k(v_0-kx)\sin\left[\omega\left(t-\dfrac{x}{\bar{v}}\right)\right]-\dfrac{\omega}{\bar{v}}(v_0-kx)\cos\left[\omega\left(t-\dfrac{x}{\bar{v}}\right)\right]\\ \dfrac{\partial^2(v-\bar{v})}{\partial x^2}=\left(k^2-\dfrac{\omega^2}{\bar{v}^2}\right)(v_0-kx)\sin\left[\omega\left(t-\dfrac{x}{\bar{v}}\right)\right]+\dfrac{2k\omega}{\bar{v}}(v_0-kx)\cos\left[\omega\left(t-\dfrac{x}{\bar{v}}\right)\right]\end{cases} \tag{2-25}$$

将式(2-24)代入式(2-25)可得阻尼条件下的脉动气流波动方程

$$\frac{\partial^2(v-\bar{v})}{\partial x^2}=\left(\frac{1}{\bar{v}^2}-\frac{k^2}{\omega^2}\right)\frac{\partial^2(v-\bar{v})}{\partial t^2}+\frac{2k}{\bar{v}}\frac{\partial(v-\bar{v})}{\partial t} \tag{2-26}$$

按照分离变量法，假设式(2-26)的解为

$$(v-\bar{v})_t^*=A^*\mathrm{e}^{\gamma x}\mathrm{e}^{\mathrm{j}\omega t} \tag{2-27}$$

式中　γ——待求变量。

则式(2-26)的特征方程为

$$\gamma^2=\mathrm{j}\frac{2k\omega}{\bar{v}}+\left(\frac{\omega^2}{\bar{v}^2}-k^2\right)=-\left(k-\mathrm{j}\frac{\omega}{\bar{v}}\right)^2 \tag{2-28}$$

将式(2-28)开方得

$$\gamma=\pm\mathrm{j}\left(k-\mathrm{j}\frac{\omega}{\bar{v}}\right)=\pm\left(\mathrm{j}k+\frac{\omega}{\bar{v}}\right) \tag{2-29}$$

因此，线性阻尼条件下的脉动气流波动方程的复数形式解为

$$(v-\bar{v})_t^*=A^*\mathrm{e}^{\left(\mathrm{j}k+\frac{\omega}{\bar{v}}\right)x}\mathrm{e}^{\mathrm{j}\omega t}+B^*\mathrm{e}^{-\left(\mathrm{j}k+\frac{\omega}{\bar{v}}\right)x}\mathrm{e}^{\mathrm{j}\omega t} \tag{2-30}$$

式中　$(v-\bar{v})_t^*$——阻尼条件下的脉动速度的复数形式解；

A^*，B^*——复数常数，由分选机端点条件确定。

考虑变径段的作用，与式(2-18)类似，引入变径段缩放系数 λ，对式(2-30)修正，得到阻尼条件下变径脉动气流分选机中脉动气流波动方程的复数形式解为

$$\left(v-\frac{\bar{v}}{\lambda}\right)_t^*=\frac{A^*}{\lambda}\mathrm{e}^{\left(\mathrm{j}k+\frac{\omega}{\bar{v}}\lambda\right)x}\mathrm{e}^{\mathrm{j}\omega t}+\frac{B^*}{\lambda}\mathrm{e}^{-\left(\mathrm{j}k+\frac{\omega}{\bar{v}}\lambda\right)x}\mathrm{e}^{\mathrm{j}\omega t} \tag{2-31}$$

式中，参数 λ 与距离 x 有关，如下：

$$\begin{cases}\lambda=1, 0\leqslant x\leqslant x_1\\ \lambda=\left[1+\dfrac{2(x-x_1)\tan\alpha}{d}\right]^2, x_1<x\leqslant x_2\\ \lambda=\left[1+\dfrac{2(x_1+x_2+x_3-x)\tan\alpha}{d}\right]^2, x_2<x\leqslant x_3\\ \lambda=1, x_3<x\leqslant x_4\end{cases} \tag{2-32}$$

2.2　脉动气流对颗粒运动特性的影响

2.2.1　脉动气流场中颗粒运动动力学分析

与恒定流场相比，颗粒在脉动气流场中的受力状态更加复杂。为此，本节针对颗粒

在脉动气流场中的运动过程进行了动力学分析，建立了颗粒在脉动气流场中的动力学微分方程。

假设粉煤颗粒在气流分选机中的运动属于稀相气固两相流动过程，根据牛顿第二定律，在笛卡儿坐标系中，建立以下颗粒运动方程：

$$m_{\mathrm{p}} \frac{\mathrm{d}v_{\mathrm{p}}}{\mathrm{d}t} = \sum F \tag{2-33}$$

式中　m_{p}——颗粒质量，kg；

v_{p}——颗粒速度，m/s；

t——时间，s；

$\sum F$——颗粒所受合力，N。

为了便于对上式进行分析，做如下假定：

(1) 气流为周期性脉动气流，颗粒的存在不影响气流速度场分布；

(2) 只沿 Y 方向存在速度梯度。

基于上述假设，本书仅讨论颗粒在 Y 方向的受力和运动情况。通常，颗粒在气流场中运动时，受到自身重力、气流浮力、气流曳力、附加质量力、巴塞特力(Basset force)、萨夫曼升力(Saffman force)、压力梯度力等力的作用。

(1) 颗粒自身重力 G，方向向下：

$$G = -\frac{\pi d^3 \rho_{\mathrm{p}}}{6} g \tag{2-34}$$

式中　d——颗粒直径，m；

ρ_{p}——颗粒密度，kg/m³；

g——重力加速度，m/s²。

(2) 颗粒受到的浮力 F_{b}，方向向上：

$$F_{\mathrm{b}} = \frac{\pi d^3 \rho_{\mathrm{g}}}{6} g \tag{2-35}$$

式中　ρ_{g}——空气密度，kg/m³。

(3) 气流曳力 F_{d}，该力与颗粒所受流体阻力大小相等，方向相反：

$$F_{\mathrm{d}} = C_{\mathrm{D}} \frac{\pi d^3 \rho_{\mathrm{g}}}{4} \frac{(v_{\mathrm{g}} - v_{\mathrm{p}})^2}{2} \tag{2-36}$$

式中　C_{D}——阻力系数，无量纲；

v_{g}——气流速度，m/s。

(4) 附加质量力 F_{f}，又称为虚假质量力。当颗粒相对气流做加速运动时，颗粒和周围气流的速度都会变化，气流与颗粒之间相对加速度产生的附加惯性阻力，其作用方向与颗粒对气流相对加速度方向相反：

$$F_{\mathrm{f}} = -\frac{1}{2} \frac{\pi d^3 \rho_{\mathrm{g}}}{6} \left(\frac{\mathrm{d}v_{\mathrm{p}}}{\mathrm{d}t} - \frac{\mathrm{d}v_{\mathrm{g}}}{\mathrm{d}t} \right) \tag{2-37}$$

(5) 巴塞特力 F_{B}：颗粒在黏性流体中做直线变速运动时，颗粒与流体存在相对加速度，颗粒表面附面层的发展由于流体惯性而有一定滞后性所产生的一种附加非恒定黏性作用力：

$$F_{\mathrm{B}}=\frac{3}{2}d^{2}(\pi\rho_{\mathrm{g}}\mu_{\mathrm{g}})^{\frac{1}{2}}\int_{0}^{t}\frac{\mathrm{d}(v_{\mathrm{g}}-v_{\mathrm{p}})/\mathrm{d}\tau}{\sqrt{t-\tau}}\mathrm{d}\tau \tag{2-38}$$

式中 t,τ——时间,s;

μ_{g}——空气运动黏度,Pa·s。

刘小兵等[115]研究表明,粒度大于 2 mm、与空气相对密度大于 1 000 的颗粒在湍流气流场中运动时,可以不计巴塞特力的影响。

(6) 萨夫曼升力 F_{S}:当颗粒在有速度梯度的流场中运动时,颗粒两侧的流速不同,产生由低速指向高速方向的升力。关于萨夫曼升力的研究虽然很多,但大多只给出了低雷诺数($Re<1$)条件下的计算公式:

$$F_{\mathrm{S}}=1.61d^{2}(\rho_{\mathrm{g}}\mu_{\mathrm{g}})^{\frac{1}{2}}(v_{\mathrm{g}}-v_{\mathrm{p}})\left|\frac{\mathrm{d}v_{\mathrm{g}}}{\mathrm{d}y}\right|^{\frac{1}{2}} \tag{2-39}$$

而高雷诺数情况下还没有相应的计算公式。本书研究颗粒在气流场中运动特性,仅当颗粒处于速度边界层中时,萨夫曼升力才显得重要,在速度梯度很小的主流中,萨夫曼升力可以忽略不计[116]。

(7) 压力梯度力 F_{p}:有压强梯度的流场中,总有压强的合力作用在颗粒上,方向与压力梯度相反:

$$F_{\mathrm{p}}=-\frac{\pi d^{3}}{6}\mathrm{grad}\ p=-\frac{\pi d^{3}}{6}\frac{\partial p}{\partial l} \tag{2-40}$$

式中 p——压强,Pa;

l——沿压强变化方向距离,m。

变径脉动气流分选机中,对于浓度很小的稀相气固两相流动体系来说,可近似为[117]

$$-\frac{\partial p}{\partial l}=\rho_{\mathrm{g}}\frac{\mathrm{d}v_{\mathrm{g}}}{\mathrm{d}t} \tag{2-41}$$

因此,压力梯度力可近似为

$$F_{\mathrm{p}}=\frac{\pi d^{3}}{6}\rho_{\mathrm{g}}\frac{\mathrm{d}v_{\mathrm{g}}}{\mathrm{d}t} \tag{2-42}$$

综合以上分析,变径脉动气流分选过程中,颗粒主要受到重力、浮力、气流曳力、附加质量力和压力梯度力的作用。因此,粉煤颗粒运动微分方程可表示为

$$\frac{\pi d^{3}\rho_{\mathrm{p}}}{6}\frac{\mathrm{d}v_{\mathrm{p}}}{\mathrm{d}t}=-\frac{\pi d^{3}\rho_{\mathrm{p}}}{6}g+\frac{\pi d^{3}\rho_{\mathrm{g}}}{6}g+C_{\mathrm{D}}\frac{\pi d^{2}\rho_{\mathrm{g}}}{4}\frac{(v_{\mathrm{g}}-v_{\mathrm{p}})^{2}}{2}-\frac{1}{2}\frac{\pi d^{3}\rho_{\mathrm{g}}}{6}\left(\frac{\mathrm{d}v_{\mathrm{p}}}{\mathrm{d}t}-\frac{\mathrm{d}v_{\mathrm{g}}}{\mathrm{d}t}\right)+\frac{\pi d^{3}\rho_{\mathrm{g}}}{6}\frac{\mathrm{d}v_{\mathrm{g}}}{\mathrm{d}t} \tag{2-43}$$

整理得

$$\frac{\mathrm{d}v_{\mathrm{p}}}{\mathrm{d}t}=\frac{1}{\frac{\rho_{\mathrm{p}}}{\rho_{\mathrm{g}}}+\frac{1}{2}}\left[\left(1-\frac{\rho_{\mathrm{p}}}{\rho_{\mathrm{g}}}\right)g+\frac{3}{4d}C_{\mathrm{D}}(v_{\mathrm{p}}-v_{\mathrm{g}})^{2}+\frac{3}{2}\frac{\mathrm{d}v_{\mathrm{g}}}{\mathrm{d}t}\right] \tag{2-44}$$

对式(2-44)简化,定义$\frac{\rho_{\mathrm{p}}}{\rho_{\mathrm{g}}}=\varepsilon$为颗粒与流体的相对密度,无量纲,则

$$\frac{\mathrm{d}v_{\mathrm{p}}}{\mathrm{d}t}=\frac{2-2\varepsilon}{2\varepsilon+1}g+\frac{3}{4\varepsilon+2}\frac{C_{\mathrm{D}}}{d}(v_{\mathrm{p}}-v_{\mathrm{g}})^{2}+\frac{3}{2\varepsilon+1}\frac{\mathrm{d}v_{\mathrm{g}}}{\mathrm{d}t} \tag{2-45}$$

在此基础上,定义$\frac{3}{2\varepsilon+1}=\varphi$为加速度传递系数,表示重力加速度、气流曳力加速度及气

流速度梯度的作用传递到颗粒并使其加速度改变的程度，无量纲。通过观察该系数的具体定义形式不难发现，其物理意义十分明确，即相对密度越小，各力对颗粒的加速作用越明显，假设极限条件下，相对密度 $\varepsilon=1$，即颗粒密度与空气密度相同，则加速度传递系数 $\varphi=1$，与理想情况相一致。因此，式(2-45)可进一步简化为

$$\frac{\mathrm{d}v_{\mathrm{p}}}{\mathrm{d}t}=(-1+\varphi)g+\varphi\frac{C_{\mathrm{D}}}{2d}(v_{\mathrm{p}}-v_{\mathrm{g}})^{2}+\varphi\frac{\mathrm{d}v_{\mathrm{g}}}{\mathrm{d}t} \tag{2-46}$$

由式(2-46)可知，颗粒运动行为只与气流速度 v_{g}、气流加速度$\frac{\mathrm{d}v_{\mathrm{g}}}{\mathrm{d}t}$和加速度传递系数 φ 有关。第一项表示颗粒所受有效重力(重力与浮力的合力)产生的加速度；第二项表示由于流体曳力影响而对颗粒产生的加速效应，颗粒直径对此项影响较大；第三项表示气流加速度对颗粒的加速效应，而此项综合了附加质量力和压力梯度力，表明这两种形式的力对颗粒运动轨迹的影响最终都由气流速度梯度决定。

加速度传递系数 φ 表征了重力加速度、气流曳力加速度及气流加速度作用传递到颗粒上的传递效率，且该值仅与颗粒密度有关。显然，颗粒密度越小，ε 越小，φ 越大，颗粒加速或减速越容易；颗粒密度越大，ε 越大，φ 越小，颗粒加速或减速越困难。不同颗粒的密度差异越大，其加速和减速效应的差异也越大，其在脉动气流中越容易分离。

2.2.2 脉动气流场颗粒绕流阻力特性

根据式(2-46)可知，粉煤变径脉动气流分选过程中，煤粒的运动轨迹主要由重力和阻力决定，因此，研究脉动气流对颗粒运动规律的影响时，阻力系数计算模型的选择至关重要。

目前，有关阻力系数的理论计算公式和经验公式很多[118-120]，但大多针对单颗粒在稳定流场中的运动情况，考虑粒群影响的干扰沉降研究较少。对于变径脉动气流分选过程而言，流场中不规则离散相颗粒的增加以及气流自身的脉动特性，导致气流流动状态复杂，阻力系数的具体计算公式有待商榷。已有研究表明，高度紊流脉动气流场中颗粒所受阻力与常规稳定流场中的阻力有一定差异[121-122]。樊建人等[123]采用涡量流函数对煤粉颗粒在脉动气流场中运动时的阻力系数进行了计算，认为脉动气流可使阻力系数增大。F. M. Donovan 等[124]通过研究不可压缩层流在刚性管中的流动阻力特性，发现流量波动显著影响流体压降，认为脉动振幅对阻力存在一定的影响。刘宇生等[125]对矩形通道内的脉动层流阻力特性进行实验研究，发现脉动周期越大、相对振幅越小，摩擦阻力系数越小。鉴于颗粒在脉动流场中运动的特殊性，本书详细研究了颗粒所受阻力随脉动流场特性的变化规律，为准确计算颗粒在脉动流场中的运动轨迹提供理论依据。

2.2.2.1 网格模型理论

煤粒粒群属于分散颗粒相，它们的直径各不相同，在气流中的分布又具备较强的随机性，若通过直接模拟粒群运动的方式去研究颗粒的受力规律将十分困难。为此，本书借用 B. P. Leclair 等[126]提出的颗粒群运动的网格模型理论将粒群问题进行简化，近似求解颗粒群中的颗粒受力问题：假定粒群中所有颗粒为同体积、同速度的球体，且颗粒在流体中均匀分布，颗粒被半径为 b 的网络边界包围，颗粒间通过此流体边界相互作用。其中，网格边界半径 b 与球体半径 R 的比值由粒群在流体中的体积浓度 λ 决定：

$$\frac{b}{R}=\lambda^{-\frac{1}{3}} \tag{2-47}$$

式中 b——网格边界半径,mm;

R——球体半径,mm;

λ——固体颗粒体积浓度,%。

网格模型(cell model)又称为单元胞模型,已被广泛用于化工、冶金等领域的数值模拟。Z. S. Mao[127]、A. A. Kendoush[128]采用单元胞模型分别研究了颗粒群、气泡群等分散相的运动及受力规律。

实际分选实验气流速度约为 8 m/s,考虑颗粒与气流的相对运动,确定模拟颗粒雷诺数范围($Re_p=20\sim2\ 874$)和不同体积浓度($\lambda<12.50\%$)对颗粒群中颗粒受力的影响。其中,颗粒雷诺数为

$$Re_p=\frac{\rho d_p|v-v_p|}{\mu} \tag{2-48}$$

式中 v——气流速度,m/s;

v_p——颗粒速度,m/s;

ρ——流体密度,kg/m³;

d_p——颗粒直径,m;

μ——流体动力黏度,Pa·s。

为了便于观察流场分布和减少计算量,采用简化后的二维流场进行颗粒绕流模拟。经实际运算对比,将三维轴对称结构流场简化为二维流场时,阻力系数模拟结果基本与实际运算一致,二维流场模拟结果可靠。

图 2-6 为模拟流场计算域示意图,直径 $d_p=6$ mm 的球形颗粒位于计算域中心。计算域宽度 B 等于按式(2-47)折算成颗粒群后的网格边界半径 b 的 2 倍,长度 L 为网格边界半径 b 的 8 倍,中间虚线部分为网格加密区域。不同体积浓度对应的计算域尺寸见表 2-1。

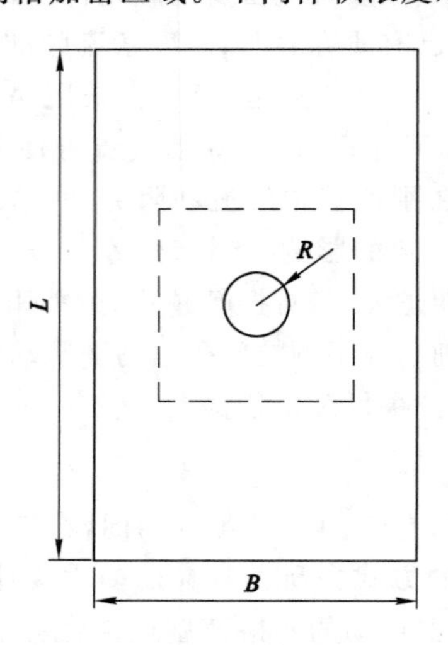

图 2-6 模拟流场计算域示意图

表 2-1 不同体积浓度对应计算域尺寸

体积浓度 λ/%	计算域结构	B/mm	L/mm	加密区域/(mm×mm)
0.02	A	100	400	60×60
0.10	B	60	240	60×60
0.17	C	50	200	50×50
0.34	D	40	160	40×40
0.46	E	36	144	36×36
0.98	F	28	112	28×28
2.70	G	20	80	20×80
3.70	H	18	72	18×72
5.27	I	16	64	16×64
12.50	G	12	48	12×48

2.2.2.2 控制方程及其离散

颗粒绕流二维流场的计算过程遵循连续介质假设,其运动规律符合 Navier-Stokes(N-S)方程。由于本书模拟过程涉及雷诺数 Re_p 跨度较大,采用同一种湍流模型无法得到满意结果。为此,针对颗粒绕流阻力系数的计算,所用模型采用分段的形式。

(1) $Re_p<200$,Laminar 模型:

质量守恒方程:

$$\frac{\partial \rho}{\partial t}+\frac{\partial(\rho v_i)}{\partial x_i}=0 \tag{2-49}$$

动量守恒方程:

$$\frac{\partial}{\partial t}(\rho v_i)+\frac{\partial}{\partial x_i}(\rho v_i v_j)=-\frac{\partial p}{\partial x_i}+\frac{\partial \tau_{ij}}{\partial c_j} \tag{2-50}$$

式中,p 为静压;τ_{ij} 为黏性应力张量,且

$$\tau_{ij}=\left[\mu\left(\frac{\partial v_i}{\partial x_j}+\frac{\partial v_j}{\partial x_i}\right)\right]-\frac{2}{3}\mu\frac{\partial v_i}{\partial x_i}\delta_{ij} \tag{2-51}$$

(2) $200\leqslant Re_p<1\ 000$,SST k-ω 模型:

$$\frac{\partial}{\partial t}(\rho k)+\frac{\partial}{\partial x_i}(\rho k v_i)=\frac{\partial}{\partial x_j}\left[\left(\mu+\frac{\mu_t}{\sigma_k}\right)\frac{\partial k}{\partial x_j}\right]-\rho\overline{v'_i v'_j}\frac{\partial v_j}{\partial x_i}-\rho\beta^* k\omega \tag{2-52}$$

$$\frac{\partial}{\partial t}(\rho\varepsilon)+\frac{\partial}{\partial x_j}(\rho\omega v_j)=\frac{\partial}{\partial x_j}\left[\left(\mu+\frac{\mu_t}{\sigma_\omega}\right)\frac{\partial \omega}{\partial x_j}\right]-\alpha\frac{\omega}{k}\rho\overline{v'_i v'_j}\frac{\partial v_j}{\partial x_i}-$$
$$\rho\beta\omega^2+2(1-F_1)\frac{\rho}{\omega\sigma_{\omega,2}}\frac{\partial k}{\partial x_j}\frac{\partial \omega}{\partial x_j} \tag{2-53}$$

其中,$F_1=\tan h(\Phi^4)$,Φ 为计算节点到最近壁面的距离 d 的函数;$k=\frac{1}{2}\overline{v_i'^2}$,为湍流动能;$\omega=\frac{C\sqrt{k}}{L}$,为单位湍流动能耗散率;$\mu_t=\frac{\rho k}{\omega}$,为湍流黏度;$\sigma_k$,$\sigma_\omega$,$\sigma_{\omega,2}$,$\beta^*$,$\beta$ 等均为方程参

数,可依据实际情况进行设定。

(3) 1 000≤Re_p<3 000,Standard k-ε 模型:

$$\frac{\partial}{\partial t}(\rho k)+\frac{\partial}{\partial x_i}(\rho k v_i)=\frac{\partial}{\partial x_j}\left[\left(\mu+\frac{\mu_t}{\sigma_k}\right)\frac{\partial k}{\partial x_j}\right]+\mu_t\frac{\partial v_i}{\partial x_j}\left(\frac{\partial v_i}{\partial x_j}+\frac{\partial v_j}{\partial x_i}\right)-\rho\varepsilon \tag{2-54}$$

$$\frac{\partial}{\partial t}(\rho\varepsilon)+\frac{\partial}{\partial x_i}(\rho\varepsilon v_i)=\frac{\partial}{\partial x_j}\left[\left(\mu+\frac{\mu_t}{\sigma_\varepsilon}\right)\frac{\partial\varepsilon}{\partial x_j}\right]+C_{1\varepsilon}\frac{\varepsilon}{k}\frac{\partial v_i}{\partial x_j}\left(\frac{\partial v_i}{\partial x_j}+\frac{\partial v_j}{\partial x_i}\right)-C_{2\varepsilon}\rho\frac{\varepsilon^2}{k} \tag{2-55}$$

其中,$k=\frac{1}{2}\overline{v_i'^2}$,为湍流动能;$\varepsilon=\nu\overline{\left(\frac{\partial v_i'}{\partial x_k}\right)^2}$,为湍流动能耗散率;$\mu_t=\rho C_\mu\frac{k^2}{\varepsilon}$,为湍流黏性系数;$C_{1\varepsilon}$、$C_{2\varepsilon}$、$C_\mu$为经验常数;$\sigma_k$,$\sigma_\varepsilon$为普朗特数,可按照不同情况设定。

此外,为提高计算精度,高雷诺数区间采用具有二阶迎风的 SIMPLEC 差分格式对控制方程中的动量方程和湍流方程进行离散,控制方程残差绝对值为 10^{-5}。

2.2.2.3 恒定流场颗粒绕流阻力系数

基于表 2-1 中给出的不同体积浓度对应的流场区域,分别进行圆球绕流模拟。待计算收敛、流场相对稳定后,通过积分颗粒表面的正向应力与切向应力分别得到压差阻力与摩擦阻力,两者之和即颗粒所受的阻力。各阻力除以迎流面积与气体单位体积动能的乘积,得到相应的压差阻力系数、摩擦阻力系数和总阻力系数(注:本书简称“阻力系数”,恒定流场中阻力系数以 C_{Dc}表示,脉动流场中阻力系数以 C_{Dp}表示)。

图 2-7 为恒定流场中阻力系数 C_{Dc}随体积浓度 λ 和雷诺数 Re_p 的变化规律。由图 2-7 可知,随固体颗粒体积浓度增加,阻力系数显著增大;雷诺数越低,阻力系数对体积浓度的变化越敏感。颗粒体积浓度为 0.10%时,阻力系数变化不明显,颗粒在恒定流场中的运动可近似为自由沉降过程。体积浓度超过 0.98%,阻力系数迅速增大,特别是低雷诺数区间阻力系数升高 2 倍以上。

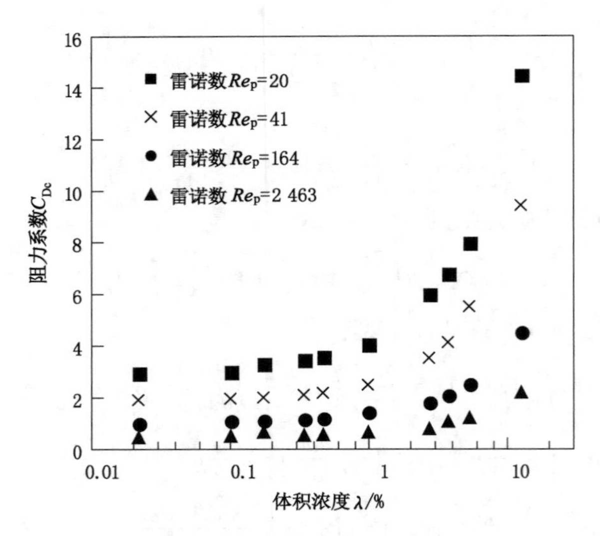

图 2-7 阻力系数 C_{Dc}随体积浓度 λ 和雷诺数 Re_p 的变化

图 2-8 所示为雷诺数 Re_p=20、体积浓度 λ 分别为 0.34%、2.70%、12.50%三种条件下的颗粒附近速度场分布云图。图 2-8 可以更直观地说明体积浓度对颗粒阻力的影响,随着

体积浓度增大，颗粒周围气流通道迅速变窄，颗粒周围气流速度明显升高，边界层厚度减小，颗粒周围速度梯度的增加导致摩擦阻力发生变化。同时，通道变窄，颗粒前后压差增大，使得压差阻力显著增大。

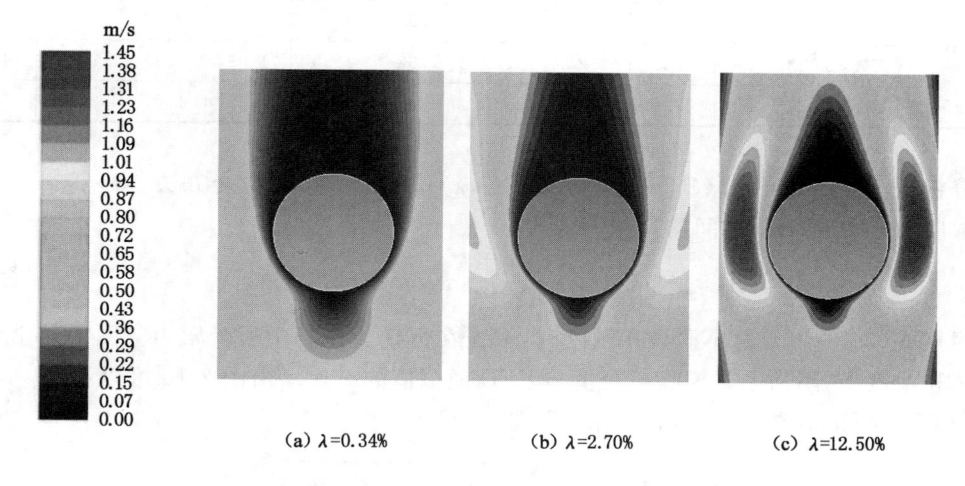

图 2-8 不同体积浓度时颗粒周围速度云图

图 2-9 所示为雷诺数 $Re_p=20$ 时压差阻力系数和摩擦阻力系数随体积浓度变化趋势。显然，阻力系数随体积浓度增大而增大的主要原因是压差阻力系数的急剧增加，而摩擦阻力系数变化不明显。

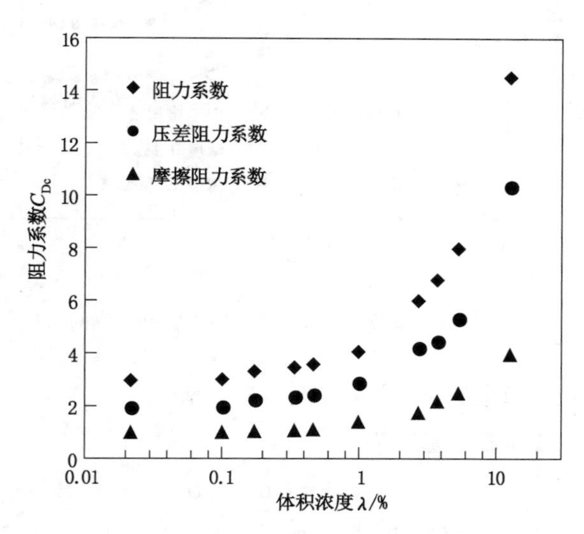

图 2-9 $Re_p=20$ 时压差阻力系数与摩擦阻力系数随体积浓度变化趋势

综合以上恒定流场颗粒绕流阻力系数计算结果，可得到不同雷诺数时，阻力系数增加值($C_{Dc}-C_{D0}$)随体积浓度的变化规律，见表 2-2。其中，C_{D0} 为单颗粒无限绕流时阻力系数值，称为标准阻力系数，本书采用 Haider-Levenspiel[118] 近似公式计算得到。

表 2-2　阻力系数增加值($C_{Dc}-C_{D0}$)随体积浓度的变化

体积浓度 λ/%		0.02	0.10	0.17	0.34	0.46	0.98	2.70	3.70	5.27	12.50
$C_{Dc}-C_{D0}$	雷诺数 20	1.16	1.18	1.29	1.35	1.40	1.58	2.34	2.64	3.11	5.64
	雷诺数 41	1.13	1.15	1.18	1.24	1.28	1.46	2.07	2.42	3.23	5.51
	雷诺数 164	1.11	1.22	1.24	1.29	1.32	1.58	1.99	2.29	2.76	4.93
	雷诺数 2 463	1.14	1.25	1.31	1.32	1.36	1.58	1.89	2.55	2.87	5.14

分析表 2-2 数据可知，$(C_{Dc}-C_{D0})=f(Re_p,\lambda)$。采用非线性拟合方法，得$(C_{Dc}-C_{D0})$同体积浓度 λ、雷诺数 Re_p 之间的近似关联式

$$C_{Dc}-C_{D0}=\left(\frac{609.16}{Re_p^{0.633}}+0.529Re_p^{0.367}\right)\lambda \tag{2-56}$$

根据式(2-56)可计算不同体积浓度时，颗粒在恒定气流场中所受阻力。图 2-10 所示为不同体积浓度下，阻力系数模型拟合值与 CFD 模拟值的对比。由图 2-10 可以看出，模型拟合值与 CFD 模拟值吻合较好，相关系数可达 0.97。

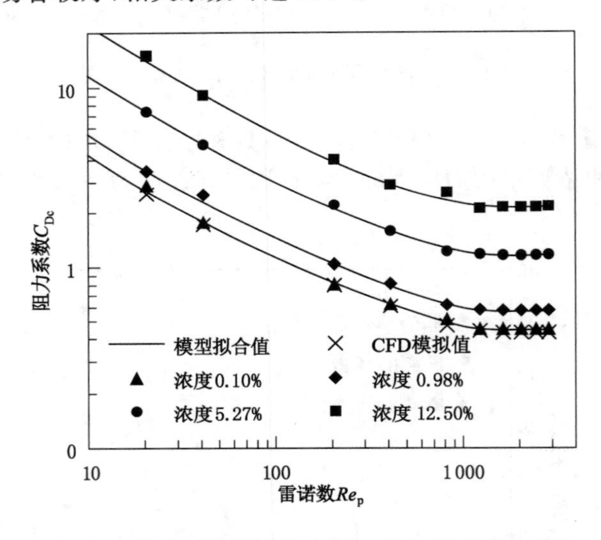

图 2-10　阻力系数模型拟合值与 CFD 模拟值的对比

2.2.2.4　脉动流场颗粒绕流阻力系数

依据式(2-1)可知，脉动流波函数为

$$v=\bar{v}+v_0\sin(2\pi ft)$$

此时，颗粒雷诺数取脉动周期内的平均值，即

$$Re_p=\frac{\rho d_p\left|\bar{v}-v_p\right|}{\mu} \tag{2-57}$$

采用与雷诺数相似的方法，将脉动速度频率和振幅无量纲化

$$St=\frac{R}{\mu}f \tag{2-58}$$

$$\varepsilon=\frac{v_0}{\mu} \tag{2-59}$$

式中，$\bar{v}$ 为来流一个周期内平均速度，m/s；ρ 为流体密度，kg/m^3；d_p 为颗粒直径，m；μ 为流体动力黏度，Pa·s；f 为脉动频率，Hz；v_0 为脉动速度幅值，m/s；St 为斯特哈罗数，无量纲；R 为颗粒半径，m；ε 为脉动速度相对振幅，无量纲。

通过量纲分析可知，脉动气流场中，粒群颗粒绕流阻力系数 C_{Dp} 为雷诺数 Re_p、体积浓度 λ、斯特哈罗数 St、脉动速度相对振幅 ε 的函数，即 $C_{Dp}=f(Re_p,\lambda,St,\varepsilon)$。根据以往实验研究，变径脉动气流分选机内气流平均速度为 8 m/s 左右，脉动气流频率为 0.125～0.5 Hz，脉动气流速度幅值为 0.15～0.5 m/s。相应地，本书中 St 为 $(0\sim10)\times10^{-4}$、脉动速度相对振幅 ε 为 2%～10%。

图 2-11(a)所示为颗粒体积浓度 $\lambda=0.98\%$、脉动速度相对振幅 $\varepsilon=5\%$、雷诺数 Re_p 分别为 20、205、1 231 时平均阻力系数 C_{Dp} 随 St 的变化情况。图 2-11(b)所示为体积浓度 $\lambda=0.98\%$、$St=1\times10^{-3}$、雷诺数 Re_p 分别为 20、205、1 231 时平均阻力系数 C_{Dp} 随 ε 的变化情况。

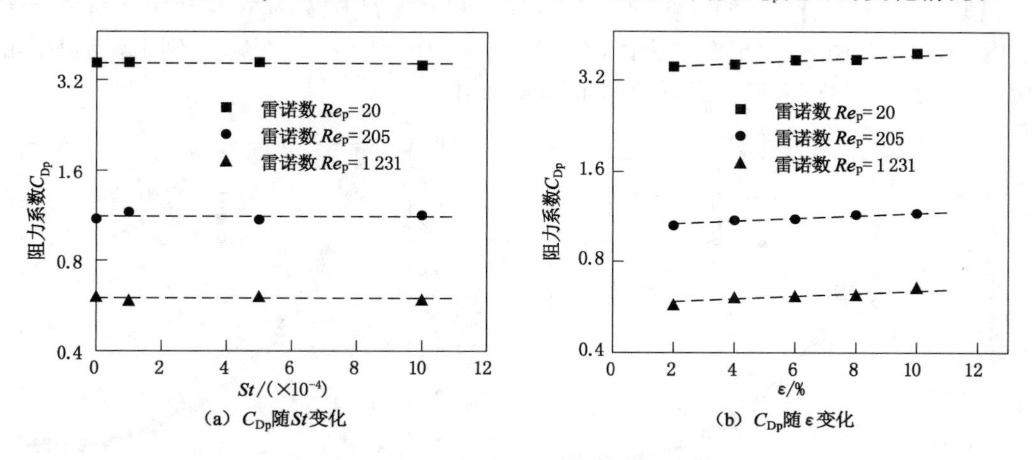

(a) C_{Dp}随St变化　　(b) C_{Dp}随ε变化

图 2-11　阻力系数 C_{Dp} 随 St 和 ε 的变化情况

由图 2-11 可知，脉动速度相对振幅 $\varepsilon=5\%$时，随着 St 的增加，脉动气流绕流阻力系数基本保持不变，即在本书模拟 St 为 $(0\sim10)\times10^{-4}$ 范围内，脉动频率对阻力系数的影响较小，可忽略不计。相同 St 条件下，脉动速度相对振幅 ε 增加，阻力系数近似线性增加。

综合脉动气流场颗粒绕流阻力系数计算结果，可得体积浓度 $\lambda=0.98\%$时，脉动气流场中颗粒的阻力系数 C_{Dp} 与恒定气流场中颗粒的阻力系数 C_{Dc} 之比 C_{Dp}/C_{Dc} 随脉动速度相对振幅 ε 的变化规律，见表 2-3。

表 2-3　C_{Dp}/C_{Dc} 随脉动速度相对振幅的变化情况

雷诺数 Re_p	20	41	205	411	821	1 231	1 643	2 053	2 464	2 874
$\varepsilon=2\%$	1.103	1.084	1.113	1.069	1.064	1.079	1.095	1.104	1.073	1.075
$\varepsilon=4\%$	1.114	1.097	1.123	1.084	1.080	1.093	1.107	1.115	1.088	1.090
$\varepsilon=6\%$	1.130	1.107	1.141	1.088	1.083	1.100	1.120	1.131	1.094	1.096
$\varepsilon=8\%$	1.120	1.101	1.130	1.086	1.081	1.096	1.112	1.121	1.090	1.092
$\varepsilon=10\%$	1.193	1.172	1.130	1.042	1.006	1.083	1.195	1.159	1.102	1.044

采用同样方法可得到按表 2-1 所列各体积浓度下，C_{Dp}/C_{Dc}随脉动速度相对振幅 ε 的变化情况，在此不再一一列出。通过对 C_{Dp}/C_{Dc}数据进行拟合，可得

$$C_{Dp}/C_{Dc} \approx 1 + 1.098\varepsilon \tag{2-60}$$

因此，脉动气流场中，颗粒绕流阻力系数可近似表示为

$$C_{Dp} = \left[\left(\frac{609.16}{Re_p^{0.633}} + 0.529Re_p^{0.367}\right)\lambda + C_{D0}\right](1 + 1.098\varepsilon) \tag{2-61}$$

式中　C_{Dp}——脉动气流场颗粒绕流阻力系数；

Re_p——颗粒雷诺数，且 $20<Re_p<3\ 000$；

λ——颗粒体积浓度，且 $0<\lambda<12.5\%$；

ε——脉动速度相对振幅，且 $0<\varepsilon<10\%$；

C_{D0}——标准阻力系数。

根据式(2-61)可计算不同浓度、不同脉动速度相对振幅时，颗粒在脉动气流场中所受阻力。图 2-12(a)和图 2-12(b)分别为体积浓度 $\lambda=0.98\%$和 $\lambda=5.27\%$时，不同脉动速度相对振幅 ε 下，阻力系数模型拟合值与 CFD 模拟值的对比。

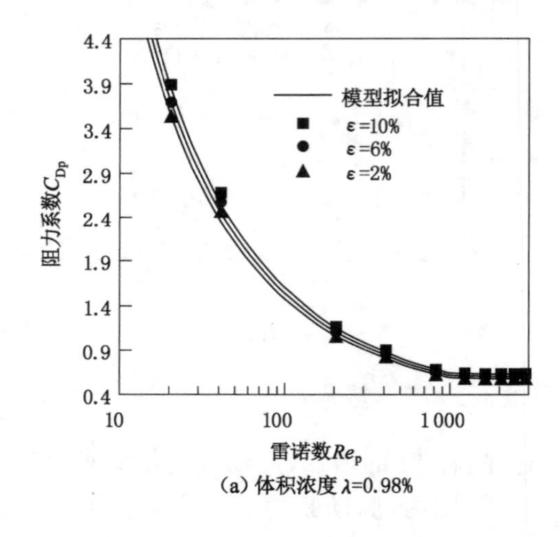

(a) 体积浓度 λ=0.98%

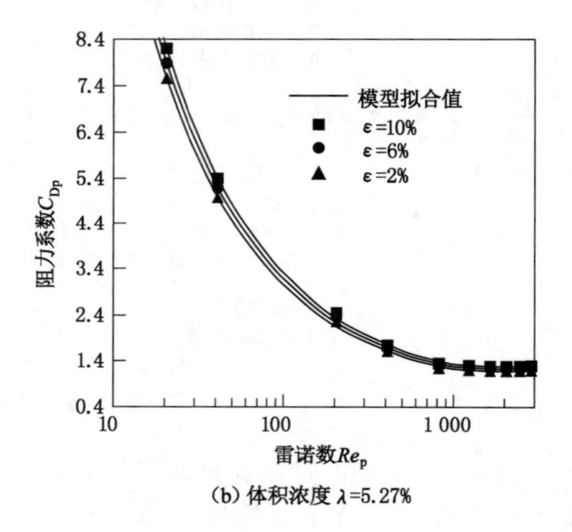

(b) 体积浓度 λ=5.27%

图 2-12　阻力系数模型拟合值与 CFD 模拟值的比较

由图 2-12 可以看出，模型拟合值与 CFD 模拟值吻合较好，经过计算其相关系数，可达 0.96。但是，图 2-12 中不同脉动速度相对振幅下的阻力系数值相对比较集中，无法直观表现式(2-61)的优劣，为此，将图 2-12 数据统一绘制在相对误差对比图中，见图 2-13。

由图 2-13 可以发现，总体上，式(2-61)拟合值与 CFD 模拟值比较接近，尤其阻力系数较大时，也就是雷诺数较小时，拟合值与 CFD 模拟值基本重合，相对误差很小；而当雷诺数较大时，拟合值与 CFD 模拟值的差异略有增加。其原因可能是，雷诺数较大时，颗粒与流体相对速度较大，此时，颗粒表面附近流体边界层及颗粒背部尾涡等流动状态极为复杂，通过 CFD 方法精确模拟颗粒在该高速状态下的流动行为还需进一步深入研究。

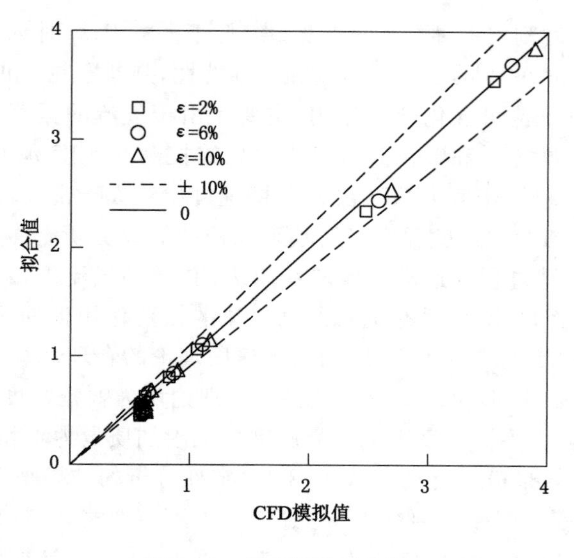

图 2-13 相对误差对比图

2.3 变径脉动气流分选机强化分离机制

2.3.1 脉动气流强化分离机制

上文对颗粒在脉动气流场中的受力特性进行了详细研究,并建立了相应的阻力系数计算公式。在此基础上,本节采用数值分析方法,利用阻力系数修正公式,研究了稀相条件下颗粒在脉动气流场中的运动规律,阐明了变径脉动气流分选机的强化分离机理。

关于脉动气流对颗粒运动轨迹的影响,许多学者做了大量研究工作,典型的理论主要有初始加速度理论和附加质量力理论两种。初始加速度理论最初由 C. R. Jackson 等[85]提出,该理论认为,两个在空气中沉降末速相同而密度和粒度不同的颗粒,在脉动气流中之所以能相互分离,是因为两颗粒的初始加速度不同。大密度、小粒度的颗粒 A 和小密度、大粒度的颗粒 B,在空气中自由下落的过程中,其实际自由沉降速度曲线如图 2-14 所示。

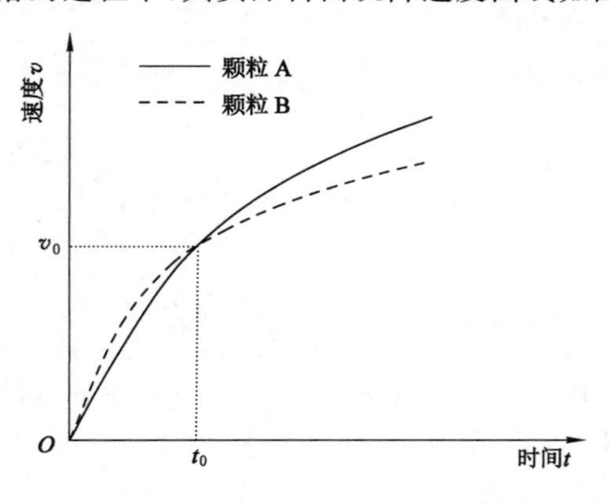

图 2-14 颗粒自由沉降速度曲线

图 2-14 中，在 t_0 时刻之前，颗粒 A 速度始终低于颗粒 B；t_0 时刻之后，颗粒 A 速度开始高于颗粒 B。综合颗粒 A 和颗粒 B 的密度和粒度特性，判断颗粒 B 的初始加速度大于颗粒 A。该理论认为，脉动气流可强化分选作用，主要是由于气流的振荡作用，造成颗粒在分选机中加速、减速，使得颗粒 A 和颗粒 B 沉降末速始终控制在速度 v_0 以下，即颗粒 A 和颗粒 B 由于初始加速度的差异，密度大的颗粒 A 下降速度始终大于密度较小的颗粒 B，从而实现按密度分选的效果。初始加速度理论仅是基于纯粹的假设分析，并未得到有力验证。何亚群等[86]的脉动气流分选过程高速动态实验结果表明，脉动气流中，颗粒的速度已经十分接近其在空气中的理论沉降末速，若想通过脉动气流的振荡作用促使颗粒沉降速度始终低于理论沉降末速，具备一定的难度。因此，初始加速度理论的合理性有待进一步验证。

附加质量力理论由 R. I. Stessel 等[83]提出，该理论认为颗粒密度越小，其在脉动气流场中所受附加质量力越大，不同密度颗粒所受脉动气流附加质量力不相同，即附加质量力对提高颗粒按密度分选的效果极为有利。从式(2-46)定性分析的结果来看，一定条件下，附加质量力理论确实具备一定的理论基础。但是，还有一点不容忽略，那就是该理论成立的前提条件是，气流速度梯度对颗粒运动的影响较大。对于 R. I. Stessel 等进行的城市垃圾分选实验结果而言，轻质组分与空气的相对密度 ε 较小，而重组分与轻组分的相对密度 ε 较大，因此实验中附加质量力可以对不同密度颗粒在分选过程中产生积极的影响。

对于本书中粉煤的脉动气流分选过程而言，颗粒的相对密度 ε 较大，且轻、重组分相对密度 ε 差别较小，附加质量力对分选作业是否产生足够大的影响还需做进一步分析。为此，采用式(2-46)中第三项(气流加速度对颗粒的加速效应项)与第一项(重力与浮力的合力)的比值

$$a = \frac{\varphi \dfrac{\mathrm{d}v_g}{\mathrm{d}t}}{(-1+\varphi)g} = \frac{\varphi}{\varphi - 1}\frac{\mathrm{d}v_g/\mathrm{d}t}{g} \tag{2-62}$$

来说明气流加速度对颗粒运动的影响，即附加质量力和压力梯度力的共同作用占重力的比例。该比值 a 越大，表明附加质量力和压力梯度力对分选影响越大。

根据式(2-1)可知气流速度为

$$v_g = \bar{v}_g + v_{g0}\sin(2\pi f t) \tag{2-63}$$

式中 v_g——入口气速，m/s；

$\bar{v}_g$——入口气速均值，m/s；

v_{g0}——脉冲气速幅值，m/s。

因此，气流加速度为

$$\frac{\mathrm{d}v_g}{\mathrm{d}t} = 2\pi f v_{g0}\cos(2\pi f t) \tag{2-64}$$

则比值 a 为

$$a = \frac{\varphi}{\varphi - 1}\frac{2\pi f v_{g0}\cos(2\pi f t)}{g} \tag{2-65}$$

以煤粒与空气相对密度 $\varepsilon \approx 1\ 000$，脉冲气速幅值 $v_{g0} = 8$ m/s，气流脉动频率 $f = 1$ Hz 为例，可得，比值 a 的绝对值为

$$|a| = \left|\frac{\varphi}{\varphi - 1}\frac{2\pi f v_{g0}}{g}\cos(2\pi f t)\right| \leqslant \left|\frac{\varphi}{\varphi - 1}\frac{2\pi f v_{g0}}{g}\right| = 0.007\ 7 \tag{2-66}$$

因此,上述条件下,比值 a 的绝对值小于 1%,即脉动气流场中粉煤颗粒受到的附加质量力和压力梯度力的合力较小,气流加速度与重力加速度相比,实际量级约为 1%。显然,附加质量力理论并不能完全揭示脉动气流对粉煤颗粒运动轨迹产生的影响。

为进一步研究脉动气流对颗粒运动规律的影响,须采用数值分析方法定量考察不同颗粒在脉动气流场中的运动轨迹。

式(2-61)颗粒运动微分方程求解的关键在于阻力系数 C_D 的确定。实际分选过程中,粉煤颗粒并非完全的球形状态,而是呈一种不规则形状,其所受阻力与球形颗粒差异较大。因此,实际分选过程中粉煤颗粒与球形颗粒运动的差异主要体现在阻力系数 C_D 中。通常,脉动气流分选过程中,气流场分布相同时,非球形颗粒所受阻力较球形颗粒大几倍至十几倍。为此,本书采用 Wadell 球形系数 ψ 来对非球形颗粒的形状进行描述,该系数定义为

$$\psi = \frac{\text{与颗粒等体积的球体的表面积}}{\text{不规则形状颗粒的表面积}} \tag{2-67}$$

一般物体的球形系数可参考表 2-4。对于常见物料的球形系数可按照表 2-4 进行查找。此外,有研究[129]表明,6～3 mm 煤粒 ψ 值约为 0.70～0.85,且颗粒直径越大,球形系数越小。

表 2-4　一般物体球形系数

颗粒形状	球形系数 ψ	颗粒形状	球形系数 ψ	颗粒形状	球形系数 ψ
球体	1.000	圆柱体	0.860～0.580	页岩屑	0.320～0.290
六方八面体	0.906	类球体	0.910～0.750	石英砂	0.670～0.600
正八面体	0.846	多角	0.820～0.670	海、河沙	0.860
立方体	0.806	长条	0.710～0.580	煤粉	0.700
正四面体	0.671	扁平	0.480～0.470	焦炭	0.360
圆盘	0.827～0.220	棱柱	0.767～0.725	无烟煤	0.610～0.400

因此,对于式(2-61)修正后的阻力系数而言,考虑非球形颗粒球形系数影响后的标准阻力系数 C_{D0} 可按式(2-68)近似得到

$$C_{D0} = \frac{24}{Re_p}(1 + b_1 Re_p^{b_2}) + \frac{b_3 Re_p}{b_4 + Re_p} \tag{2-68}$$

参数 b_1、b_2、b_3 和 b_4 的值可按下列经验公式计算

$$\begin{cases} b_1 = \exp(2.328\,8 - 6.458\,1\psi + 2.448\,6\psi^2) \\ b_2 = 0.096\,4 + 0.556\,5\psi \\ b_3 = \exp(4.905\,0 - 13.894\,4\psi + 18.422\,2\psi^2 - 10.259\,9\psi^3) \\ b_4 = \exp(1.468\,1 + 12.258\,4\psi - 20.732\,2\psi^2 + 15.885\,5\psi^3) \end{cases} \tag{2-69}$$

因此,修正后的非球形颗粒在脉动气流场中运动的动力学微分方程可表示为

$$\frac{dv_p}{dt} = (-1 + \varphi)g + \frac{\varphi}{2d}(v_p - v_g)^2\left[\left(\frac{609.16}{Re_p^{0.633}} + 0.529 Re_p^{0.367}\right)\lambda + \left(\frac{24}{Re_p}(1 + b_1 Re_p^{b_2}) + \frac{b_3 Re_p}{b_4 + Re_p}\right)\right](1 + 1.098\varepsilon) + \varphi\frac{dv_g}{dt} \tag{2-70}$$

为进一步说明颗粒在恒定流场和脉动流场中运动特性的差异,本书采用四阶龙格-库塔

(Runge-Kutta)方法[130]对修正后的颗粒运动的动力学微分方程式(2-70)进行求解，求解流程见图 2-15。

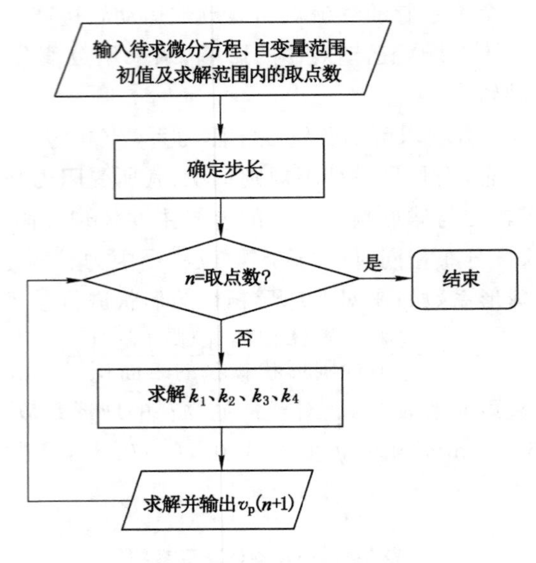

图 2-15 求解流程

基本方法为：

$$v_{p(n+1)} = v_{p(n)} + \frac{h}{6}(k_1 + 2k_2 + 2k_3 + k_4) \tag{2-71}$$

$$\begin{cases} k_1 = f(t_{(n)}, v_{p(n)}) \\ k_2 = f(t_{(n)} + \frac{1}{2}h, v_{p(n)} + \frac{1}{2}hk_1) \\ k_3 = f(t_{(n)} + \frac{1}{2}h, v_{p(n)} + \frac{1}{2}hk_2) \\ k_4 = f(t_{(n)} + h, v_{p(n)} + hk_3) \end{cases} \tag{2-72}$$

式中 h——计算步长。

通过采用图 2-15 所示的微分方程求解算法，可求得不同时刻某一颗粒的速度，在此基础上，采用梯形积分方法对时间 t 进行积分，即可同时获得颗粒的运动时间 t、速度 v、位移 s 三个动力学参数。下面将从两个方面分别阐述脉动气流对颗粒运动轨迹的影响。

(1) 颗粒的密度为 1.2 g/cm^3，粒度为 3 mm，分别求解其在脉动气流场和恒定气流场中运动的动力学参数，并将颗粒在脉动气流场与恒定气流场中运动的速度、位移参数分别相减，如图 2-16 所示。

通过计算可知，与恒定气流相比，颗粒在脉动气流场中运动时，单位时间内运动的位移更大，即颗粒跟随脉动气流做周期性振荡，可加速颗粒的运动。

(2) 颗粒 A 密度为 1.8 g/cm^3，粒度为 5 mm；颗粒 B 密度为 1.9 g/cm^3，粒度为 5 mm。分别求解颗粒 A 和颗粒 B 在脉动气流场中运动的动力学参数，并将其速度、位移参数分别相减，如图 2-17 所示。

计算可知，脉动气流场中，与低密度颗粒相比，高密度颗粒单位时间内下降距离更大，更

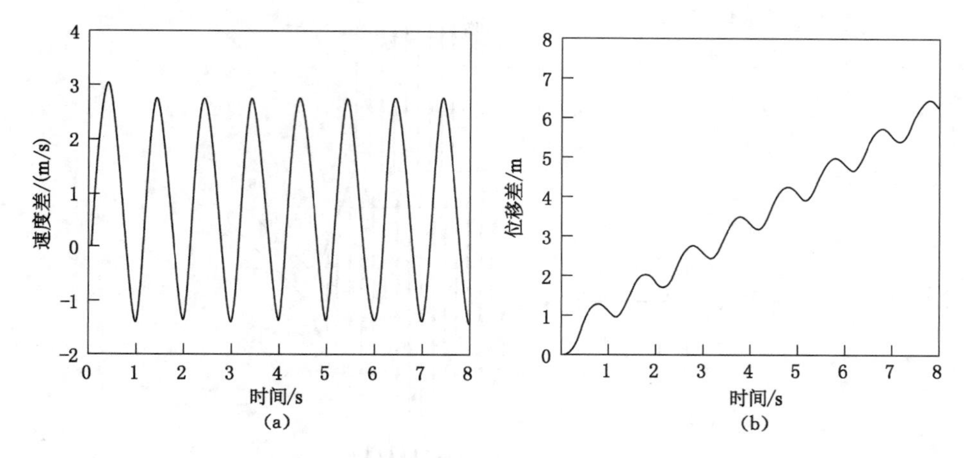

图 2-16 颗粒在脉动气流场和恒定气流场中运动的速度差和位移差

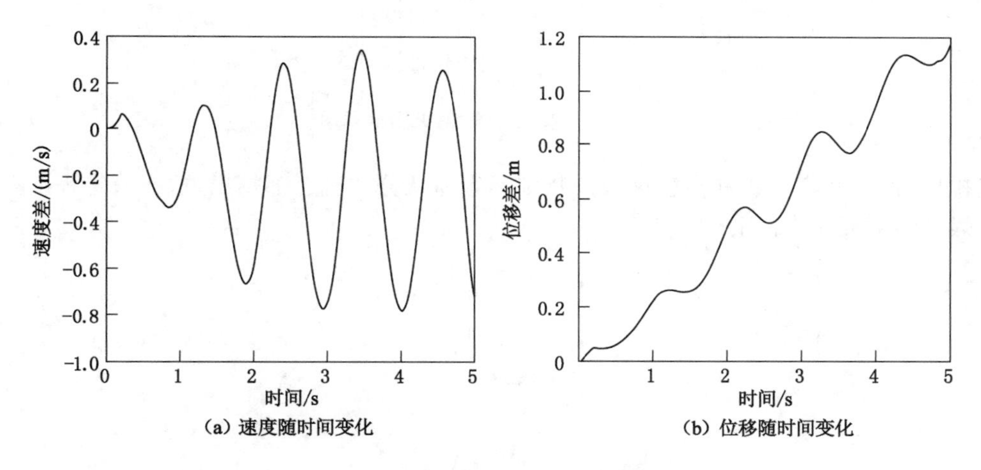

图 2-17 速度和位移随时间变化的曲线

易从分选机中排出，即颗粒密度越小，脉动气流的周期性累积振荡加速效应越明显。

综上所述，脉动气流较恒定气流更有利于轻重产物相互分离，且其主要受脉动气流的周期性累积振荡作用控制；而此过程中，附加质量力和压力梯度力的综合作用较小，并非直接促进颗粒间相互分离的关键因素。

2.3.2 基于变径作用的强化分离机制

粉煤变径脉动气流分选过程中，变径段的引入主要起到以下作用：

当气流由下部直筒段给入，经过变径段时，气流速度将急剧降低，如图 2-18 所示。当气流经过变径段中间直径最大处时，其速度降至最低值。以直筒段气速为 8 m/s 时为例，分选机直径由 100 mm 扩大至 120 mm 时，其速度将降低至

$$8 \div \frac{120^2}{100^2} = 8 \div 1.44 = 5.56(\text{m/s})$$

由于变径段附近气速较低，从入料口给入分选机内部的颗粒，低密度级组分可以快速随

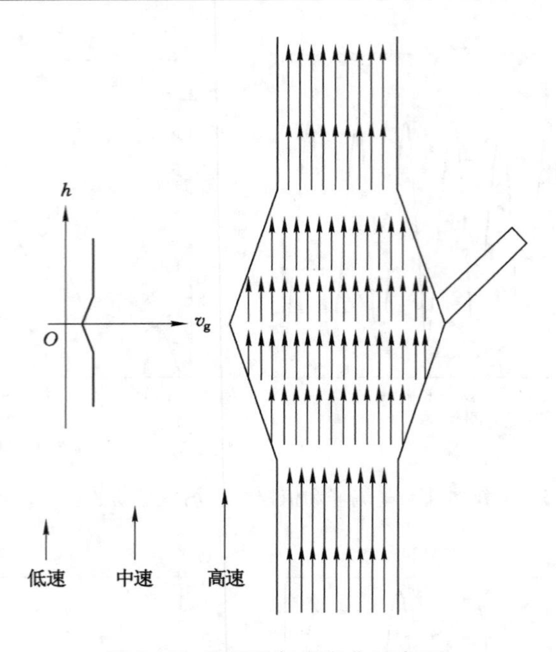

图 2-18　变径段气速变化示意图

气流排出，而中间密度级和高密度级产物则不容易从分选机上部排出，这在一定程度上保证了精煤产品的质量，如图 2-19 所示。

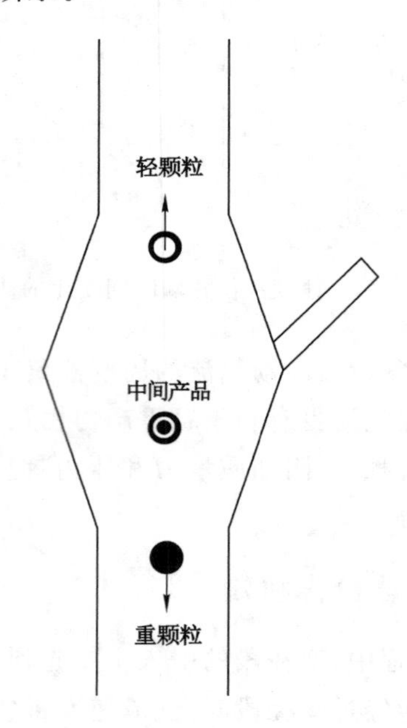

图 2-19　不同密度级颗粒分离示意图

中间密度级和高密度级颗粒下降至分选机直筒段后，高密度级颗粒由于重力作用率先进入分选机底部，成为重产品排出；而中间密度级颗粒在脉动气流的振荡作用下，进一步分为轻、重不同的产品而上升或下降，从而提高了分选精度。

3　变径脉动气流分选机结构及操作参数优化

3.1　分选装置及物料性质

3.1.1　分选装置

在前人对操作参数优化研究[105]的基础上，本章采用实验室自制的气流分选间歇实验装置进行了粉煤气流分选实验，对分选机的结构参数和操作参数同时进行了协同优化。间歇实验装置系统示意图如图3-1所示。

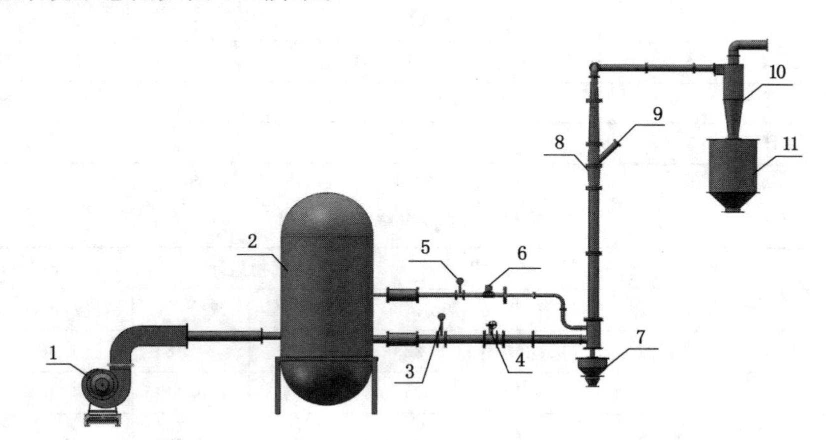

1—鼓风机；2—风包；3—恒定风管路流量计；4—恒定风管路阀门；5—脉动风管路流量计；6—脉动风管路阀门；7—矸石缓冲仓；8—分选机；9—给料嘴；10—旋风除尘器；11—精煤缓冲仓。

图3-1　间歇实验装置系统示意图

图3-1中的间歇实验装置包含供风系统、分选系统、排料系统和除尘系统四个子系统，各子系统组成及特点如下。

(1) 供风系统：包含鼓风机、风包、恒定风管路阀门、恒定风管路流量计、脉动风管路阀门、脉动风管路流量计以及其他附属管道等。

其中，供风风机为大风量罗茨鼓风机。鼓风机鼓入的气体进入风包后，分别进入恒定风管路和脉动风管路，而后经气体分布器进入分选机内部，风包起稳压及流量分配的作用。恒定风管路阀门为普通手动蝶阀，脉动风管路阀门为配有循环时间继电器的电磁阀。恒定风管路流量计和脉动风管路流量计均为卡门涡街流量计，负责监测各自管路的风量瞬时值。

(2) 分选系统：从下到上依次为气体分布器、直筒段分选柱、变径段分选柱、给料嘴和缩径排料段五部分。其中，气体分布器和分选机柱体是影响物料分选效果的核心部件。恒定风和脉动风进入气室混合后通过布风板均匀渗透至分选柱内部，达到布风均匀的目的。通过调整分布器中心输送管直径的大小，可控制重产物排出速度。气流经过变径段后，流场发生变化，气流速度先减小后增大，至缩径段后，气流速度急剧增大，轻产物迅速排出。

(3) 排料系统：间歇实验装置的排料系统未配置自动卸料阀，物料主要通过开启或关闭精煤缓冲仓和矸石缓冲仓的阀门排出。

(4) 除尘系统：携带轻产物粉煤的气体经过旋风除尘装置后，煤粒卸入精煤缓冲仓，含灰尘的气体通过除尘布袋净化后排入大气。

3.1.2 物料性质

本章分选实验用煤样为内蒙古褐煤，通过筛分获取原煤中6～3 mm粒级粉煤作为气流分选实验用煤样。分别按照《煤炭筛分试验方法》(GB/T 477—2008)和《煤炭浮沉试验方法》(GB/T 478—2008)对煤样性质进行分析，其粒度组成和密度组成分别见表3-1和表3-2。

表3-1 实验煤样筛分资料

粒级/mm	产率/%	灰分/%
6～5	22.84	36.21
5～4	36.77	22.58
4～3	40.39	20.33
总计	100.00	24.78

表3-2 实验煤样浮沉资料

密度级/(g/cm³)	产率/%	灰分/%	浮物累计		沉物累计		分选密度±0.1	
			产率/%	灰分/%	产率/%	灰分/%	密度/(g/cm³)	产率/%
<1.3	25.36	8.22	25.36	8.22	100.00	24.78	1.30	35.09
≥1.3～1.4	22.41	9.87	47.77	8.99	74.64	30.41	1.40	32.16
≥1.4～1.5	9.75	12.33	57.52	9.56	52.23	39.23	1.50	19.66
≥1.5～1.6	9.91	19.33	67.43	11.00	42.48	45.40	1.60	18.35
≥1.6～1.8	16.88	32.28	84.31	15.26	32.57	53.33	1.70	16.88
≥1.8	15.69	75.98	100.00	24.78	15.69	75.98		
合计	100.00	24.78						

由表3-1可知，6～3 mm原煤灰分总体较低，为24.78%，且随着煤样粒度增大，产率逐渐降低，灰分逐渐升高，其中，4～3 mm粒级含量最多，为40.39%。可初步判断原煤各粒级中矸石含量较低，煤质易碎。

由表3-2可知，原煤6～3 mm粒级中，低密度级<1.4 g/cm³和高密度级≥1.6 g/cm³含量较多，产率分别为47.77%和32.57%；中间密度级1.4～1.6 g/cm³含量较少，仅为19.66%。随着密度升高，各密度级灰分逐渐增大，且低密度级灰分明显较低。≥1.8 g/cm³密度级含量虽然不高，仅15.69%，但其灰分较高，为75.98%，若通过分选将此部分高密度

级矸石排出，精煤灰分将显著降低。同时，由邻近密度物含量可知，分选密度较低时，分选密度±0.1含量较高；分选密度较高时，分选密度±0.1含量较低。因此，按照《煤炭可选性评定方法》(GB/T 16417—2011)可初步判断，随着分选密度的升高，该煤样可选性由难选变为中等可选。

依据表3-2中浮沉实验资料，绘制6～3 mm原煤可选性曲线，见图3-2。

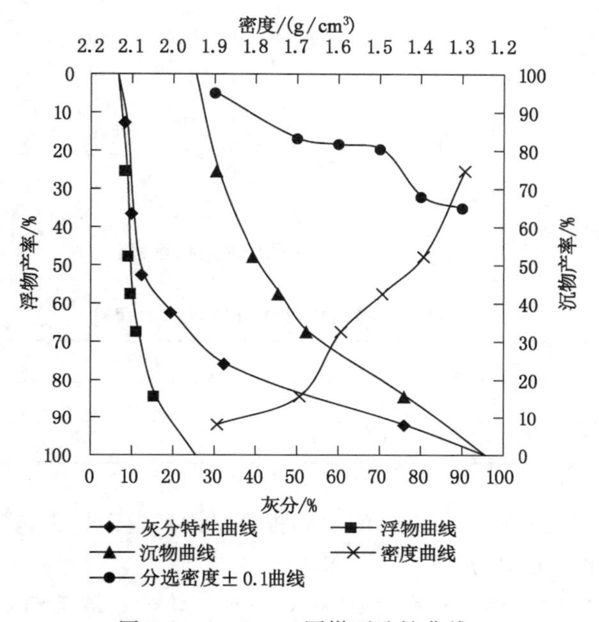

图3-2　6～3 mm原煤可选性曲线

通过分析图3-2可选性曲线发现，若分选密度低于1.8 g/cm³，分选密度±0.1含量均高于10%，可选性等级为中等可选到难选。当要求精煤灰分为10%时，理论精煤产率约为63%，理论分选密度约为1.56 g/cm³。考虑实际分选过程中各密度级的错配效应，若要求精煤灰分为10%，其精煤产率仍将高于50%，造成此种现象的原因主要是低密度级灰分低且产率高，精煤产品中存在低密度级为高密度级背灰的现象。

3.2　变径脉动气流分选机结构参数优化

3.2.1　气体分布器设计及优化

分选机底部气体分布器的结构尺寸除了影响进入分选机中气流的稳定性和均匀性外，还对底流口排料速度有重要影响。图3-3为气体分布器基本结构示意图。

如图3-3所示，气体分布器呈漏斗状，重产物落入分布器后，由中心排料管排出，进入重产物收集仓。脉动气流经多孔状结构的布风板鼓入气流分选机中。因此，该结构部件对鼓风均匀性和物料的顺利排出至关重要。本节主要针对三种结构气体分布器的分选效果进行实验研究。表3-3为三种结构气体分布器基本尺寸，主要差异在于中心排料口的内径尺寸。

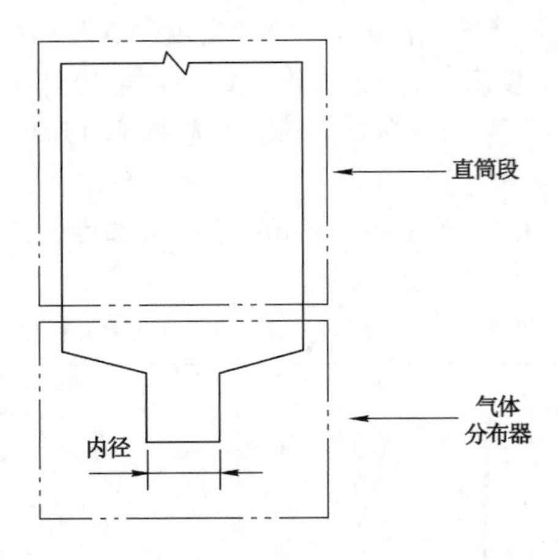

图 3-3 气体分布器基本结构示意图

表 3-3 三种结构气体分布器基本尺寸

气体分布器结构	A	B	C
排料口内径/mm	20	40	60
占分选柱横截面积比例/%	4	16	36

表 3-3 中三种气体分布器 A、B、C 的中心排料口内径逐渐增大，其排料口截面积占上部分选柱横截面积的比例分别为 4%、16%和 36%。

在此基础上，将实验煤样分别在 A、B 和 C 三种气体分布器结构条件下进行气流分选实验。实验条件为：气流分选柱底部通入由恒定主风量和脉冲风量叠加而成的脉动气流，主风量为恒定流 230 m^3/h 和 250 m^3/h，其他条件相同，脉冲风量为 10 m^3/h，周期为 2 s，脉冲阀门开闭时间比为 1∶1，物料由给料口倾斜向下给入。两个风量条件下的实验分配曲线如图 3-4 所示。

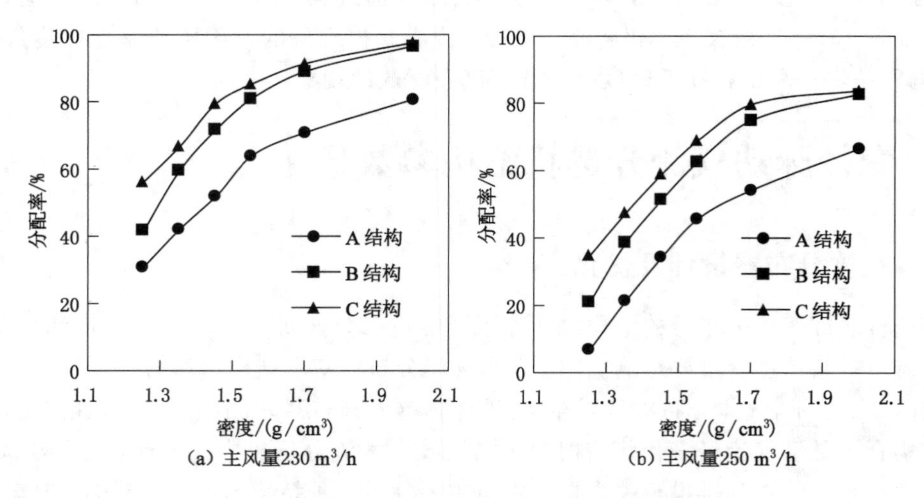

图 3-4 不同风量条件下 A、B、C 三种结构分配曲线

由图3-4(a)和图3-4(b)结果对比发现，采用A、B、C三种结构分选机进行粉煤气流分选实验，恒定主风量为230 m^3/h条件下各密度级重产物分配率均较恒定主风量为250 m^3/h条件下的各密度级重产物分配率更高，这显然是风量增大，分选密度提高，分配曲线整体下移所致。同时，还可发现，相同风量条件下，A结构分选机分选密度最高，C结构分选机分选密度最低，为更直观地说明此问题，将各实验分选结果列于表3-4。

表3-4 各条件下分选密度 ρ 和可能偏差 E

风量/(m^3/h)	考察指标	气体分布器结构		
		A	B	C
230	分选密度 ρ/(g/cm^3)	1.43	1.30	1.18
	可能偏差 E/(g/cm^3)	0.31	0.17	0.20
250	分选密度 ρ/(g/cm^3)	1.62	1.44	1.37
	可能偏差 E/(g/cm^3)	0.41	0.22	0.24

根据表3-4结果可知，相同风量条件下，A结构分布器分选密度明显高于其他两种结构，且随着气体分布器排料口直径的增大，分选密度 ρ 逐渐降低；同时，三种气体分布器结构中，B结构分选可能偏差 E 最低，A结构可能偏差 E 最高。造成此种现象的原因可能为，随着排料口直径增大，分选柱下部低风速区域范围也逐渐增大，且分选柱内风量均匀性降低，大部分粉煤颗粒未经足够大风速的分选作用而直接落入排料管内部，作为重产物排出。

此外，采用CFD方法对三种气体分布器结构的流场分布情况分别进行了数值模拟，如图3-5所示。为保证分选柱内气速(8 m/s)相同，需根据表3-3中排料口截面积占分选柱截面积的比例换算入口气速大小，同时，由于本节采用二维数值模拟方法，其换算比例应按照该截面处二维长度比例换算，见表3-5。

表3-5 各结构入口气速

气体分布器结构	A	B	C
分选柱内气速/(m/s)	8		
二维流场换算比例/%	80	60	40
换算后各结构入口气速/(m/s)	10.00	13.33	20.00

结合图3-5和表3-5模拟结果可知，随着气体分布器中心排料管直径的增大，一方面，流场均匀性逐渐降低，排料管上部区域的“气柱”逐渐消失；另一方面，伴随着“气柱”的消失，排料口上部区域的尾涡区逐渐脱落分离形成一系列“空泡”，该种“空泡”的出现严重扰乱了流场的稳定性，使得分选柱内部流场状态趋于复杂化。

为定量分析流场的均匀性，分别测取上述结构条件下的距分选机底部高 h=0.2 m和 h=0.4 m横截面处的速度分布，见图3-6。

由图3-6(a)可以看出，A结构气体分布器的流场分布相对比较对称，C结构流场分布对称性最差；由图3-6(b)可以看出，B结构和C结构的流场分布情况基本相同，均匀性相差不大。此外，综合图3-6(a)和图3-6(b)，A结构中心区域气速明显偏低，即存在一定的“气柱”

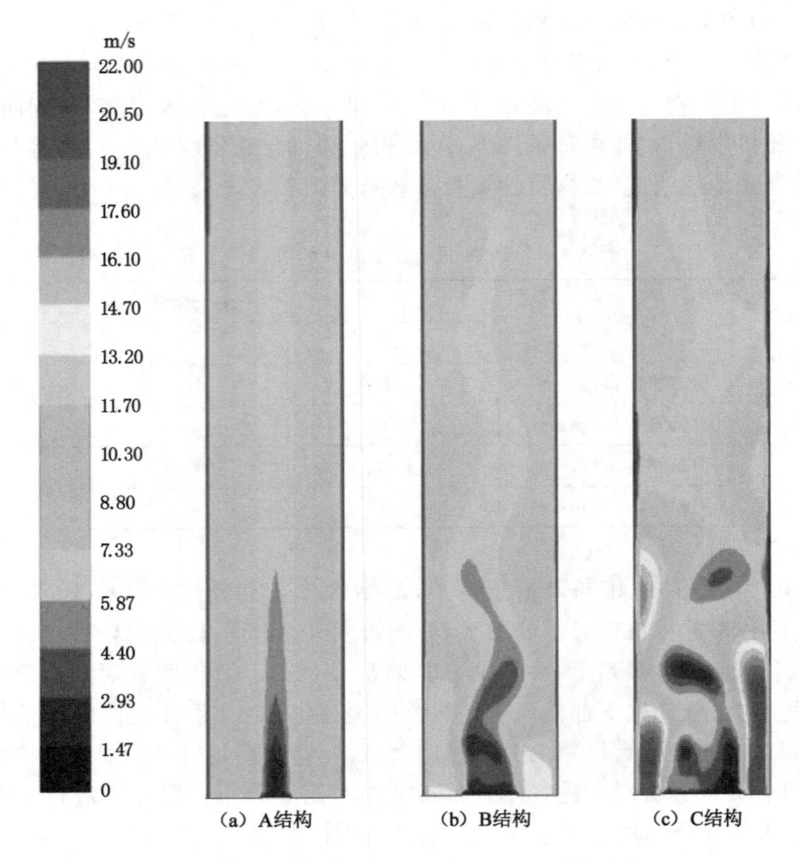

图 3-5　不同结构气体分布器流场分布情况

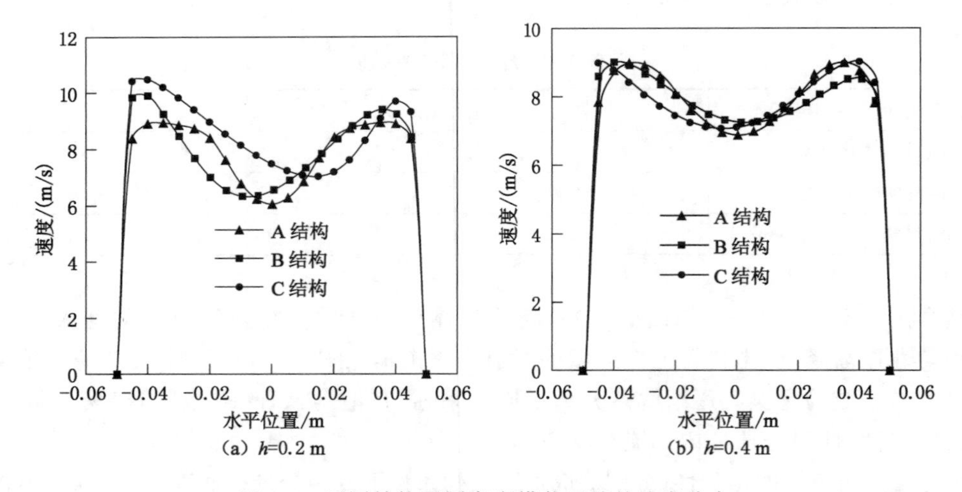

图 3-6　不同结构不同高度横截面处的速度分布

现象，C 结构流场中由于“空泡”的存在，其均匀性最差。

综上可知，A 结构气体分布器，虽然流场稳定性较好，但其“气柱”效应明显，影响物料的正常分选，且排料口尺寸较小，不利于物料的顺利排出，易造成物料的二次回流；C 结构虽然排料口尺寸足够大，保证了物料的顺利排出，但易造成分选机流场“空泡”效应加剧，同样会对分选产生不利影响。因此，采用B结构气体分布器排料口尺寸，既可保证流场的均匀性和稳定性，又有利于重产物的顺利排出，从而可减少重产物颗粒的二次上扬回流，分选效果最好，可能偏差最低。

3.2.2 给料位置设计及优化

变径脉动气流分选机给料位置对气流分选效果有一定的影响，本节设计了三种不同结构的变径脉动气流分选机的给料段，其主要结构差异在于给料口的位置不同，如图3-7所示。

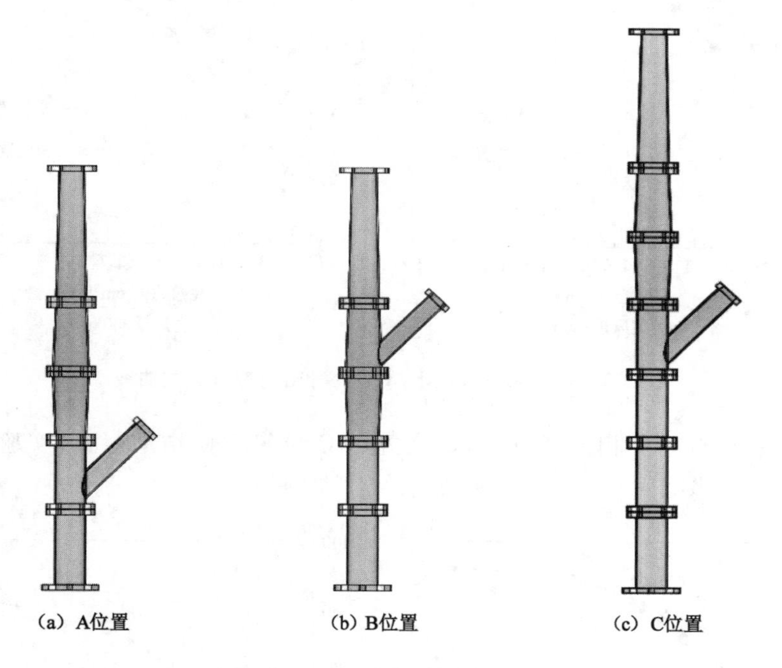

图3-7 三种不同给料位置示意图

由图3-7可知，三种给料位置具体区别如下：(1) A结构和B结构分选机整体结构尺寸相同，仅给料口位置不同，A结构给料口位于分选柱直筒段，B结构给料口位于分选柱变径段；(2) 为排除给料口高度的影响，同时设计了C结构分选机，即将B结构分选机直筒段加长，使其给料口高度与B结构相同。三种结构分选机给料口至分选柱底端距离见表3-6。

表3-6 三种给料位置尺寸差异

给料口位置序号	A	B	C
给料口至底面距离/m	0.35	0.85	0.85
给料口位置	直筒段	变径段	直筒段

分别在上述 A、B 和 C 三种给料位置条件下进行气流分选实验。实验条件为：主风量为恒定流 230 m^3/h 和 250 m^3/h，其他条件相同，脉冲风量为 10 m^3/h，周期为 2 s，脉冲阀门开闭时间比为 1：1，物料由给料口倾斜向下给入。

为论述方便，将结果分为两组分别进行说明：

（1）分选机结构相同条件下，A 位置和 B 位置实验结果对比，实验分配曲线见图 3-8(a)和图 3-8(b)。

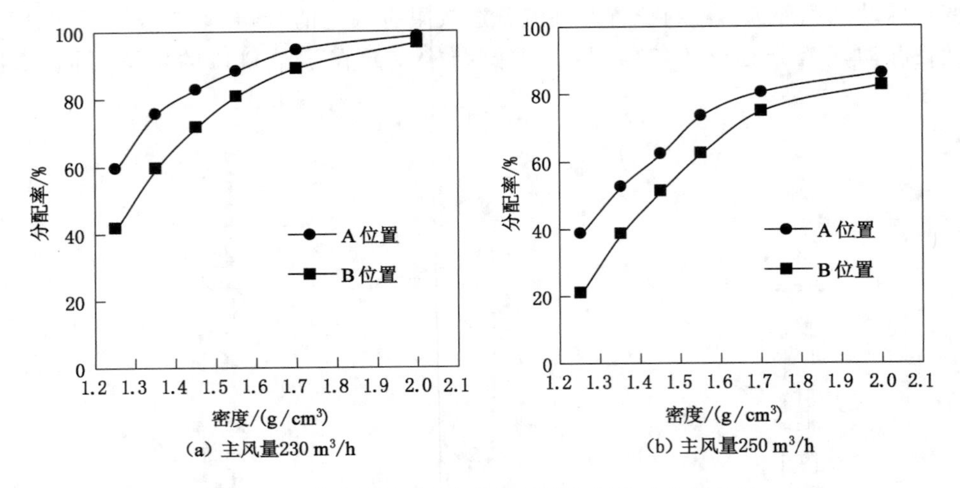

图 3-8　不同风量条件下 A、B 两种给料位置分配曲线

（2）分选柱给料高度相同条件下，B 位置和 C 位置实验结果对比，实验分配曲线见图 3-9(a)和图 3-9(b)。

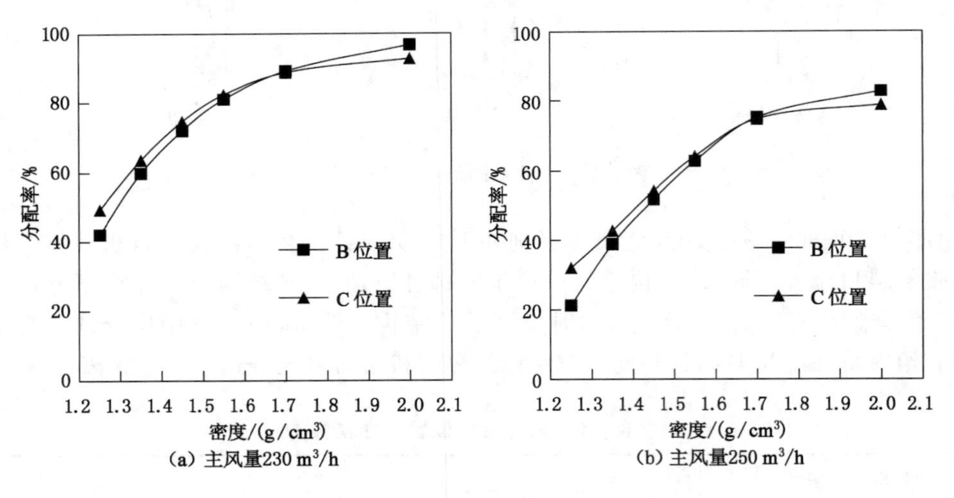

图 3-9　不同风量条件下 B、C 两种给料位置分配曲线

由图 3-8(a)和图 3-8(b)结果对比发现，恒定主风量为 230 m^3/h 和 250 m^3/h 条件下，给料口在 A 位置的分选实验各密度级分配率整体较高，且分配曲线整体上趋于平缓，分选精度略有降低。分别将各实验分选结果列于表 3-7。

表 3-7 各条件下分选密度 ρ 和可能偏差 E

风量/(m^3/h)	考察指标	给料位置	
		A	B
230	分选密度 ρ/(g/cm^3)	1.20	1.30
	可能偏差 E/(g/cm^3)	0.215	0.165
250	分选密度 ρ/(g/cm^3)	1.33	1.44
	可能偏差 E/(g/cm^3)	0.220	0.215

由表 3-7 结果可知，相同条件下 A 给料位置的分选密度明显低于 B 给料位置，且 A 给料位置分选可能偏差更大、分选精度更低。结合各分选实验分配曲线，可以推测，相同条件下，A 给料位置分选重产物分配曲线整体上移明显，很可能是该位置距离分选柱底部排料口距离太近，导致大部分物料在下降过程当中，在达到沉降末速前就被排出，未得到充分分选。

为排除给料口位置至分选柱底部距离对分选结果的影响，需进一步对比 B、C 两种给料位置分选结果。根据图 3-9 可知，给料位置到排料口距离相同时，对于 B、C 两种条件下，其各密度级重产物分配率的差异显著降低，进一步证明了上述推测的正确性。分别将 B、C 位置实验分选结果列于表 3-8。

表 3-8 各条件下分选密度 ρ 和可能偏差 E

风量/(m^3/h)	考察指标	给料位置	
		B	C
230	分选密度 ρ/(g/cm^3)	1.30	1.25
	可能偏差 E/(g/cm^3)	0.165	0.230
250	分选密度 ρ/(g/cm^3)	1.44	1.42
	可能偏差 E/(g/cm^3)	0.215	0.265

由表 3-8 结果可知，相同条件下，B 给料位置的分选密度与 C 给料位置分选密度差异不大，但 B 给料位置分选结果可能偏差更小、分选精度更高。显然，给料口位于变径段时，分选效果更好。此外，C 给料位置分选密度稍低，可能是分选柱整体高度增加，导致颗粒向上运动时输送距离增大，成为轻产物的概率降低，因此，分配曲线整体略微上移。

综上可知，给料位置在变径段时其分选效果较给料位置位于直筒段更好，且给料位置至排料口的距离对分选效果具有重要影响。

3.2.3 直筒段高度设计及优化

基于上述给料位置研究结果，须进一步对直筒段高度对粉煤气流分选实验的具体影响做进一步研究。本节设计了四种不同高度的变径脉动气流分选机，其结构示意图见图 3-10。

图 3-10 中，A、B、C、D 四种不同结构的分选机，其直筒段高度逐渐增大，其余参数如变径段结构、给料位置均相同，各分选机直筒段具体高度见表 3-9。

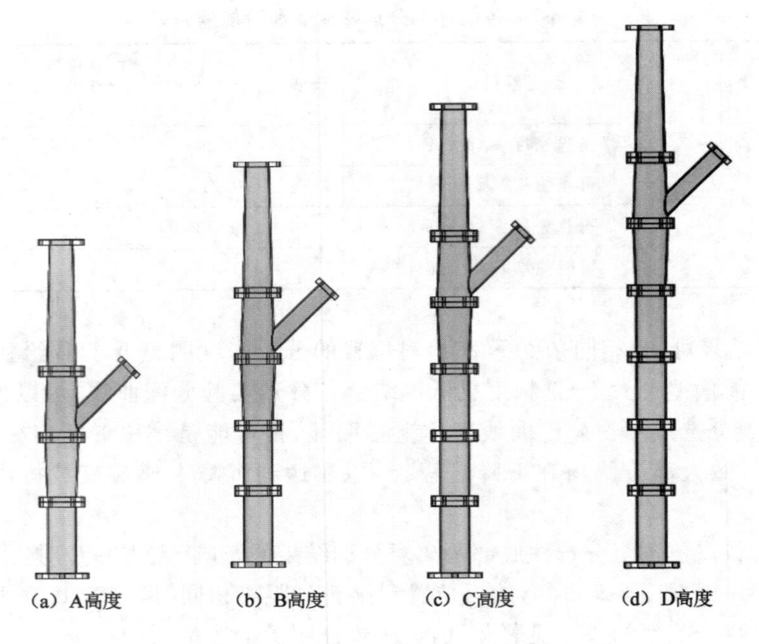

图 3-10　四种不同直筒段高度对比

表 3-9　四种分选机直筒段高度尺寸

直筒段高度序号	A	B	C	D
高度/m	0.25	0.50	0.75	1.00

采用实验用 6～3 mm 粉煤进行分选实验，确定直筒段高度的最优值。实验条件为：气流分选柱底部通入由恒定主风量和脉冲风量叠加而成的脉动气流，主风量为恒定流 230 m^3/h 和 250 m^3/h，其他条件相同，脉冲风量为 10 m^3/h，周期为 2 s，脉冲阀门开闭时间比为 1∶1。两个风量条件下的实验分配曲线见图 3-11。

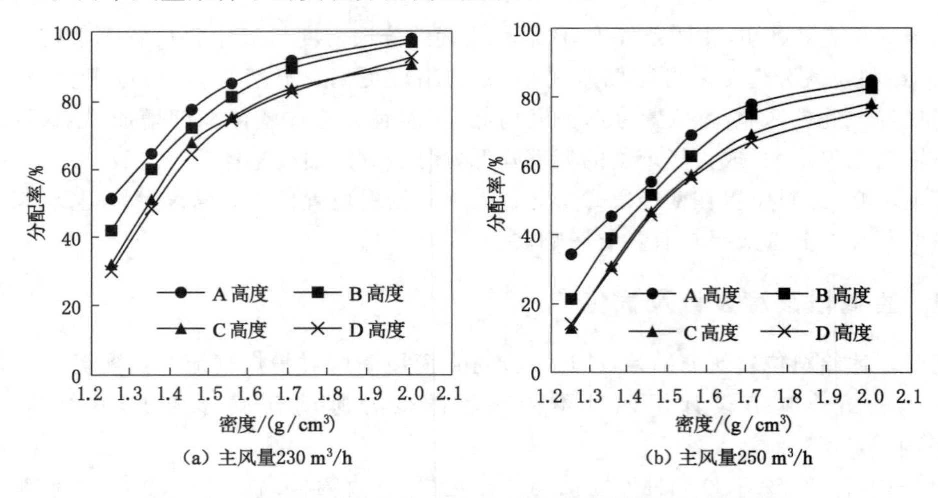

图 3-11　不同风量条件下 A、B、C、D 四种直筒段高度分配曲线

由图 3-11 可知，随着直筒段高度的增加，各密度级重产物分配率总体上呈逐渐降低趋势，且直筒段高度为 0.75 m 和 1.0 m 时，各密度级分配率差别不大，即直筒段高度超过 0.75 m 后，分配率变化不明显。各条件下分选密度和可能偏差见表 3-10。

表 3-10　各条件下分选密度 ρ 和可能偏差 E

风量/(m^3/h)	考察指标	直筒段高度			
		A	B	C	D
230	分选密度 ρ/(g/cm^3)	1.24	1.30	1.34	1.36
	可能偏差 E/(g/cm^3)	0.340	0.165	0.160	0.160
250	分选密度 ρ/(g/cm^3)	1.40	1.44	1.48	1.49
	可能偏差 E/(g/cm^3)	0.265	0.240	0.285	0.290

由表 3-10 可知，相同条件下，随着直筒段高度的增大，分选密度总体上逐渐增加，且直筒段高度增加到 0.75 m 以后，分选密度变化不明显，当直筒段高度为 0.75 m 和 1.0 m 时，其分选密度差异不大；同时，主风量为 230 m^3/h 时，直筒段高度越大，可能偏差越小，当直筒段高度增大到 0.75 m 以上时，可能偏差不再发生明显变化；而当主风量为 250 m^3/h 时，直筒段高度对可能偏差的影响规律不明显，但总体上，直筒段高度为 0.75 m 和 1.0 m 时的分选结果可能偏差依然差异不大。

总体上，根据以上结果可以判断，若分选柱直筒段高度太低，会造成分选精度降低，因此应保证分选柱直筒段尺寸高于 0.75 m。

同时，采用 CFD 对四种不同高度直筒段流场分布情况分别进行了数值模拟。图 3-12 所示为 A、B、C、D 四种不同高度直筒段在柱内风速为 8 m/s 时的流场分布情况。

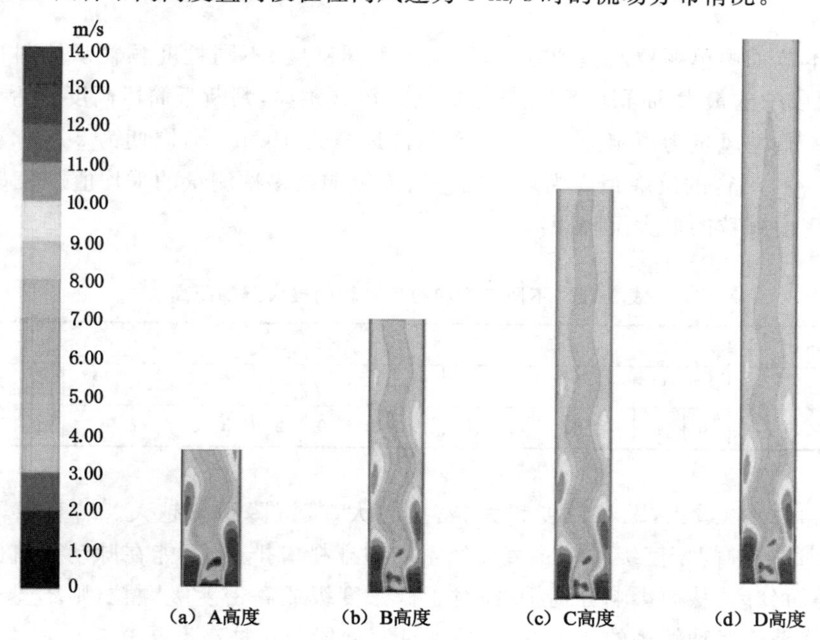

图 3-12　不同高度直筒段流场分布情况

由图 3-12 可知，随着直筒段高度的增大，其上部区域流场逐渐趋于均匀稳定。当直筒段高度为 0.25 m 时，其内部流场极不均匀，若采用此高度作为分选柱直筒段的高度，势必会造成分选效果变差；当直筒段高度超过 0.75 m 时，其顶部区域流场逐渐趋于稳定，特别是直筒段高度为 1.0 m 时，其顶部区域流场已基本发展完全，“气柱”和“空泡”基本消失。

为定量分析流场的均匀性，分别测取上述不同直筒段高度条件下的直筒段分选柱顶部横截面处的速度分布，见图 3-13。

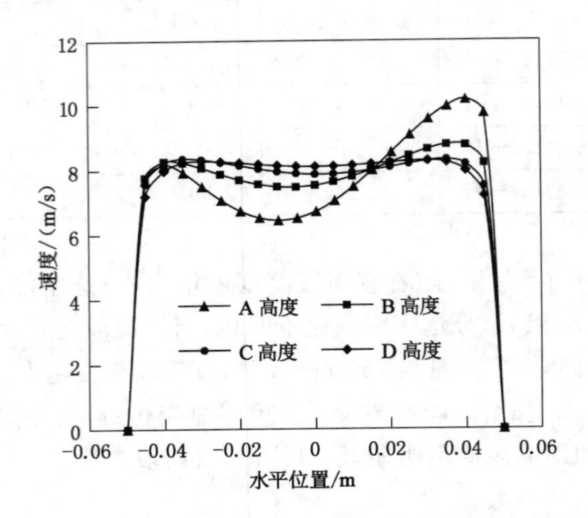

图 3-13　不同高度分选柱顶部横截面处速度分布

由图 3-13 可知，当直筒段高度＜0.75 m 时，分选柱中心“气柱”效应仍然较为明显；当直筒段高度≥0.75 m 时，分选柱顶部横截面处各点速度基本一致，“气柱”已基本消失，流场均匀性较好。

此外，本节采用单颗粒实验的方法，测定了不同密度、不同粒度颗粒从给料口给入分选机后在直筒段中的最大沉降距离，并依据此最大沉降距离，判断直筒段高度是否合理。单颗粒实验条件为：主风量为恒定流 250 m^3/h，脉冲风量为 10 m^3/h，周期为 2 s，脉冲阀门开闭时间比为 1∶1，测得的沉降距离为多个同一密度级颗粒多次测量的平均值。表 3-11 为不同粒度、不同密度颗粒的最大沉降距离。

表 3-11　不同密度和粒度颗粒的最大沉降距离

密度/(g/cm^3)	1.4～1.5			1.5～1.6			1.6～1.7		
粒度/mm	3～4	4～5	5～6	3～4	4～5	5～6	3～4	4～5	5～6
沉降距离/m	0.044	0.113	0.241	0.053	0.132	0.300	0.063	0.171	0.421

由表 3-11 可以看出，颗粒粒度越大、密度越大，其沉降距离越大。若直筒段高度低于 0.421 m，则部分中间密度级颗粒将直接经重产物排料口排出，不能在脉动气流的作用下经过多次振荡而分离，从而影响分选精度；对于低密度级或高密度级颗粒，则不受此高度的影响。因此，从颗粒运动轨迹的角度考虑，应保证直筒段分选柱高度在 0.5 m 以上。

综上所述，考虑流场的均匀稳定性、分选精度以及设备占据空间等因素，本书采用直筒段分选柱高度为 0.75 m。

3.2.4 变径段结构设计及优化

本书研究变径段结构对气流分选效果的影响，目的在于确定变径段分选柱的变径程度对粉煤分选效果的具体影响规律。采用“锥比”来表征变径段的变径程度。变径段结构示意如图 3-14 所示。

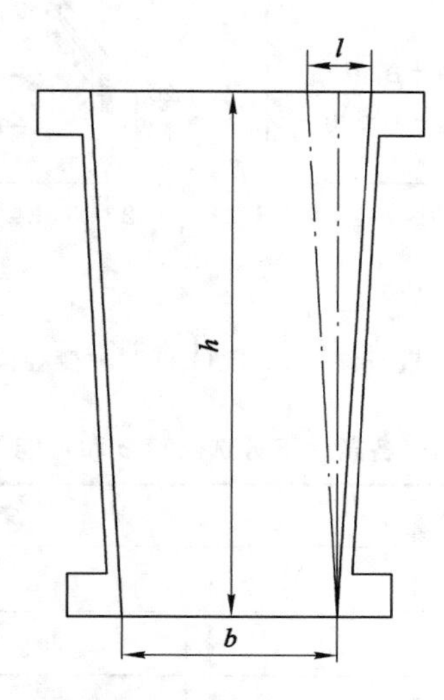

图 3-14 变径段结构示意图

参考图 3-14，定义锥比为分选柱最大横截面直径与最小横截面直径之差 l 与该段分选柱高度 h 的比值，即

$$\alpha = \frac{l}{h} \tag{3-1}$$

本书设计四种不同变径程度的变径段结构，依次为 A、B、C 和 D 四种结构，分选柱中部扩径段直径越来越大，但其上部和下部直径均相同。各变径段结构参数见表 3-12。表中，随着锥比的增加，变径程度逐渐增大，其中，锥比为 0/25 的变径段，代表直筒段分选柱。

表 3-12 不同变径段结构参数

变径段结构	A	B	C	D
锥比	0/25	1/25	2/25	3/25

采用 6～3 mm 实验用煤样进行分选实验，研究变径段结构对气流分选效果的影响。实验条件为：主风量为恒定流 230 m^3/h 和 250 m^3/h，其他条件相同，脉冲风量为 10 m^3/h，周期为 2 s，脉冲阀门开闭时间比为 1∶1。两个风量条件下的实验分配曲线见图 3-15。

由图 3-15 可知，相同风量条件下，随着变径段结构锥比的增大，各密度级重产物分配率逐渐增加，且变径段结构的改变主要影响低密度级分配率，即分配曲线形状的变化主要发生在低密度级。各实验结果分选密度和可能偏差见表 3-13。

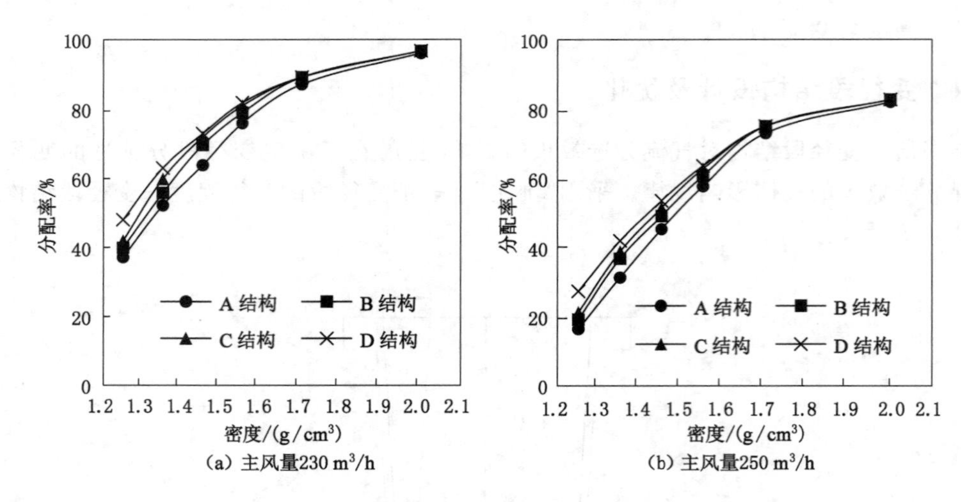

图 3-15 不同风量条件下 A、B、C、D 四种变径段结构分配曲线

表 3-13 各条件下分选密度 ρ 和可能偏差 E

风量/(m^3/h)	考察指标	变径段结构			
		A	B	C	D
230	分选密度 ρ/(g/cm^3)	1.34	1.30	1.29	1.26
	可能偏差 E/(g/cm^3)	0.190	0.170	0.165	0.280
250	分选密度 ρ/(g/cm^3)	1.49	1.46	1.43	1.42
	可能偏差 E/(g/cm^3)	0.220	0.210	0.215	0.235

由表 3-13 可知，相同条件下，随着变径段结构锥比的增大，分选密度 ρ 逐渐减小，而可能偏差 E 变化规律不明显，总体来看，当锥比为 1/25 和 2/25 时，分选机的可能偏差 E 值较小，分选精度较高。但是，以上不同变径结构分选结果中，分选密度发生了变化，E 值的比较前提不同，无法准确说明不同变径段分选机分选精度的高低，须综合考虑操作参数对分选效果的影响。

为说明变径段结构不同对分选机流场的影响，采用 CFD 对四种不同锥比的变径段结构分选机流场分布情况分别进行了数值模拟。根据 3.2.3 小节研究结果可知，分选机直筒段高度取为 0.75 m，仅截取分选柱中距重产物排料口距离为 0.65～1.35 m 的中间部分区域作为分析对象，如图 3-16 中方框部分所示。

图 3-17 为 A、B、C、D 四种不同变径段结构在风速为 8 m/s 时的流场分布情况。

由图 3-17 可知，锥比越大，变径段处气流速度减小越明显。为进一步研究气流速度变化规律，测取底面中心点到顶部中心点处气流速度，见图 3-18。

由图 3-18 可知，当锥比为 0，即分选柱为直筒段时，分选柱中心位置处气流速度并非保持恒定值，而是随高度升高而逐渐增大；当锥比大于 0，即分选柱为变径段时，锥比越大，变径段处气流速度越小，且该处气流速度变化并非与变径段结构的上下对称性保持一致。

观察图 3-17(a)中局部放大图可以发现，产生上述现象的原因主要为，气体的黏性作用

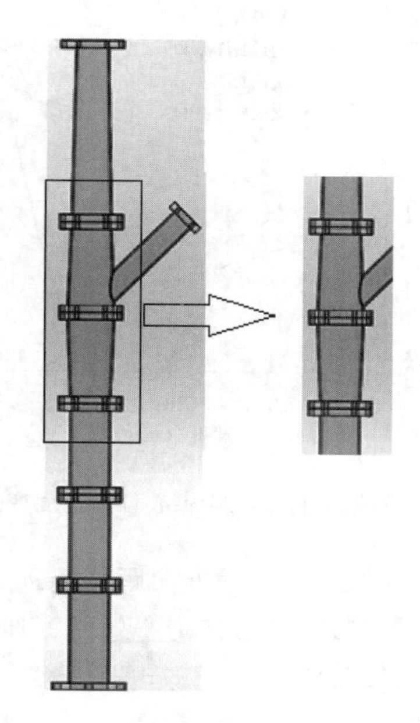

图 3-16　选取的分选柱部分区域示意图

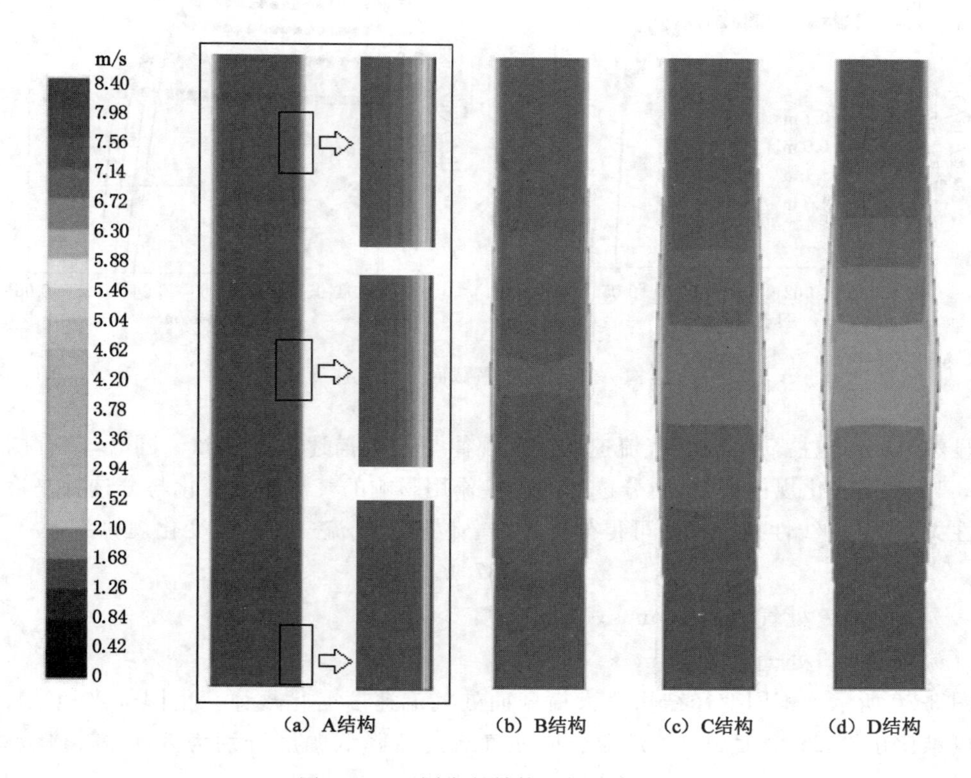

图 3-17　不同变径结构流场分布情况

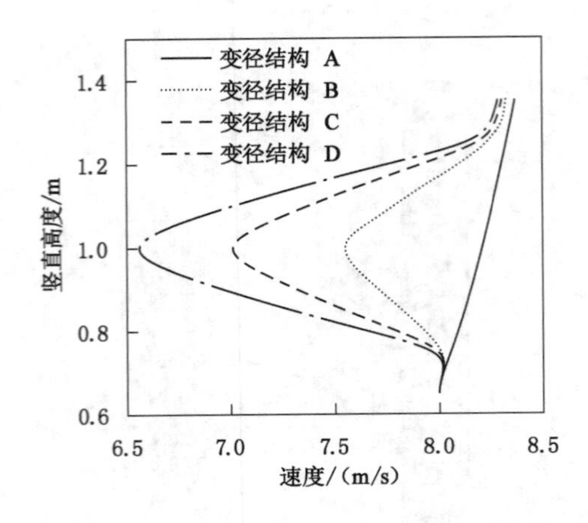

图 3-18　不同结构变径段中心位置速度变化规律

使得气流在分选柱边壁处形成边界层，且沿程方向距离越远，边界层厚度越大，边界层内气流速度极低，根据流体连续性方程可知，分选柱中心处气流速度略有增大。图 3-19 为 A 结构不同高度横截面处气流速度变化规律。

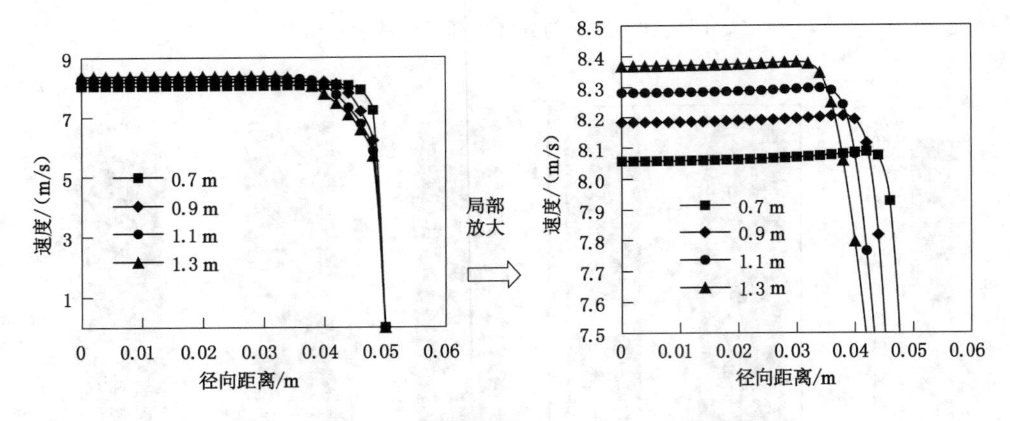

图 3-19　结构 A 不同高度横截面处气流速度变化规律

显然，沿分选柱高度方向，气流速度变化规律与上述描述基本一致。同时，结合图 3-18 和图 3-19 速度变化规律可知，受分选柱的黏性作用影响的气流速度变化与分选柱高度基本呈线性关系，采用线性拟合方法可得分选柱中心位置处气流速度沿程变化规律为

$$v_h = 0.537\,9h + v_0 \tag{3-2}$$

式中　v_h——高 h 处气流速度，m/s；

v_0——入口处气流速度，m/s。

图 3-20 所示为不同变径结构最大横截面处气流速度变化规律。由图 3-20 可知，随着变径段锥比由 0/25 增大到 3/25，变径段处气流速度降低幅度分别为 8.19%、14.78%和 20.26%。

综合以上分析，气流速度沿程方向的变化除了受变径结构锥比影响外，还受分选柱高度的影响。

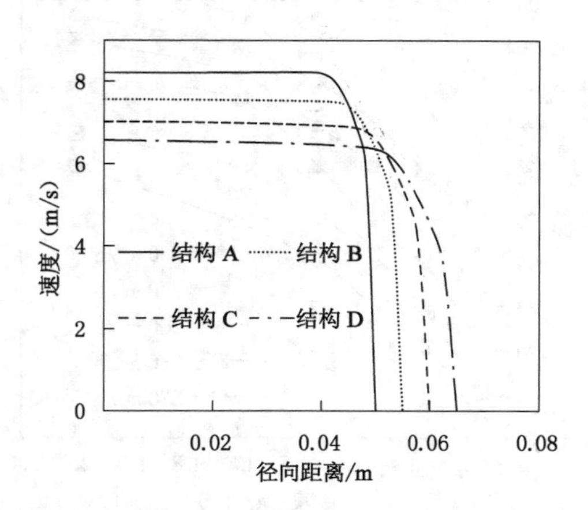

图 3-20　不同变径结构最大横截面处气流速度变化规律

3.3　变径脉动气流分选机操作参数优化

3.3.1　主风量对分选效果影响规律

变径脉动气流分选过程中，影响分选效果的主要因素有主风量、脉冲风量、脉冲周期三种。其中，主风量为分选密度的主要控制因素，脉冲风量和脉冲周期为调节分选精度的关键因素。

为方便研究操作参数对气流分选过程影响规律，同时结合气流分选机结构优化的结果，确定本节实验采用的气流分选机结构参数如表 3-14 所示。

表 3-14　气流分选机结构参数

排料口内径/mm	给料口位置	直筒段高度/mm	变径结构锥比
40	变径段 最大直径处	750	1/25
			2/25
			3/25

采用实验用 6～3 mm 煤样，分别在不同条件下进行气流分选实验。实验条件为：主风量为恒定流 230 m^3/h、240 m^3/h、250 m^3/h、260 m^3/h 和 270 m^3/h，其他条件相同，脉冲风量为10 m^3/h，周期为 2 s，脉冲阀门开闭时间比为 1∶1。不同主风量条件下的实验分配曲线见图 3-21。

由图 3-21 可知，随着主风量增大，各密度级重产物分配率明显降低，这是由于风量增大，分选密度提高，致使分配曲线整体下移。将各实验分选效果指标列于表 3-15。

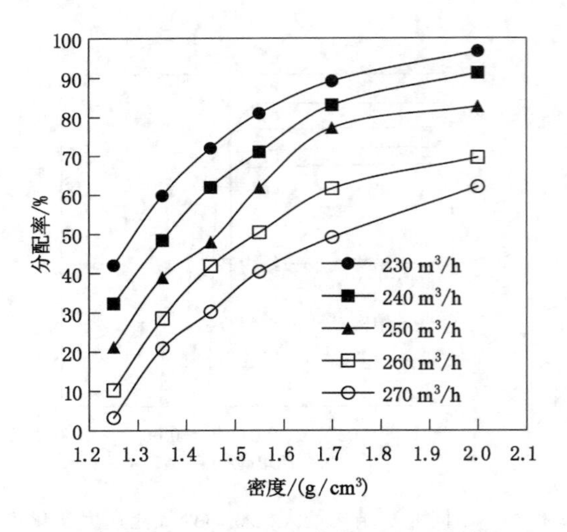

图 3-21 不同主风量条件下分配曲线

表 3-15 不同主风量下分选密度 ρ 和可能偏差 E

主风量/(m^3/h)	230	240	250	260	270
分选密度 ρ/(g/cm^3)	1.29	1.36	1.45	1.55	1.71
可能偏差 E/(g/cm^3)	0.160	0.195	0.195	0.385	0.455

由表 3-15 结果可知，其余操作参数一定的条件下，随着主风量的增大，分选密度逐渐增大，且可能偏差 E 值也逐渐增大。由上述结果可知，粉煤气流分选过程中，主风量超过一定值，将导致分选精度显著降低。

3.3.2 脉冲风量对分选效果影响规律

为研究脉冲风量对气流分选效果的影响，分别在不同条件下进行气流分选实验。实验条件为：主风量为恒定流 230 m^3/h 和 250 m^3/h，脉冲风量分别为 5 m^3/h、10 m^3/h 和 15 m^3/h，周期为 2 s，脉冲阀门开闭时间比为 1∶1。不同脉冲风量条件下的实验分配曲线如图 3-22 所示。

由图 3-22 可知，随着脉冲风量增大，各密度级重产物分配率差异较小，分配曲线仅发生了微小平移。将各实验分选效果指标列于表 3-16。

表 3-16 不同脉冲风量下分选密度 ρ 和可能偏差 E

主风量/(m^3/h)	考察指标	脉冲风量/(m^3/h)		
		5	10	15
230	分选密度 ρ/(g/cm^3)	1.26	1.29	1.33
	可能偏差 E/(g/cm^3)	0.160	0.160	0.165
250	分选密度 ρ/(g/cm^3)	1.42	1.45	1.47
	可能偏差 E/(g/cm^3)	0.200	0.195	0.255

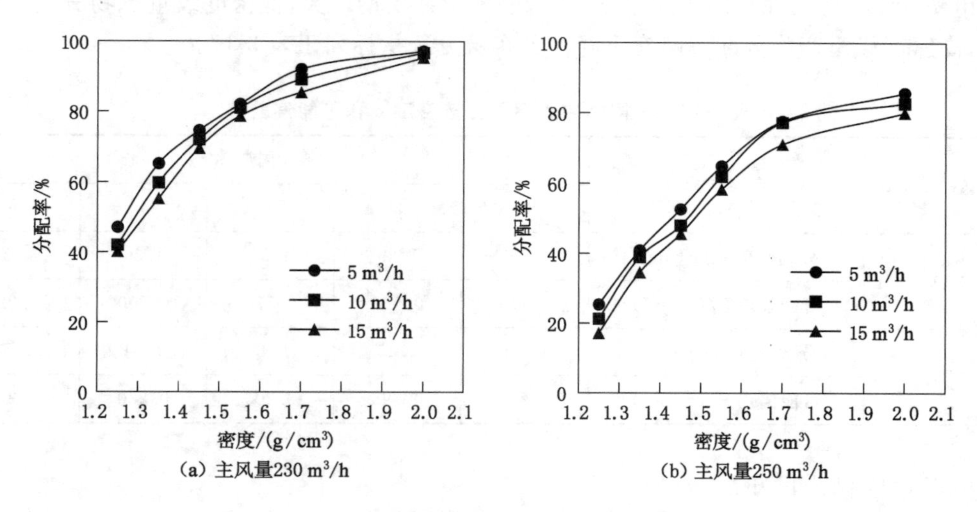

图 3-22　不同脉冲风量条件下分选效果

由表 3-16 结果可知，其余操作参数一定的条件下，随着脉冲风量的增大，分选密度略有升高，即脉冲风量增加导致鼓入分选机内的气流速度整体增大。主风量不同时，脉冲风量对可能偏差的影响也不相同，主风量为 230 m³/h 时，脉冲风量的大小对可能偏差 E 值影响较小；主风量为 250 m³/h 时，随着脉冲风量增大，可能偏差 E 值逐渐升高，分选精度降低。

3.3.3　脉冲周期对分选效果影响规律

为研究脉冲周期对气流分选效果的影响，分别在不同条件下进行气流分选实验。实验条件为：主风量为恒定流 230 m³/h 和 250 m³/h，脉冲风量为 10 m³/h，脉冲周期分别为 1 s、2 s、3 s、4 s 和 6 s，脉冲阀门开闭时间比为 1∶1。不同脉冲周期条件下的实验分配曲线如图 3-23 所示。

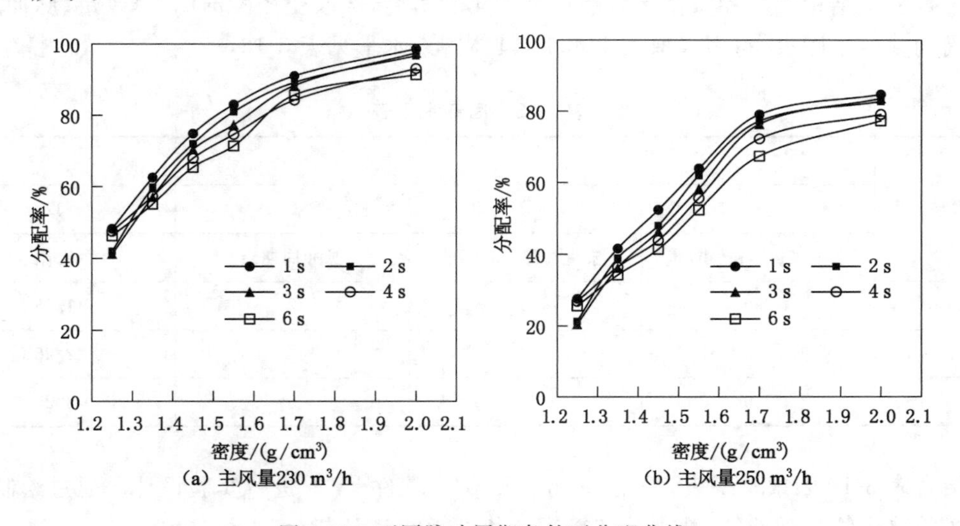

图 3-23　不同脉冲周期条件下分配曲线

由图 3-23 可知，在相同主风量条件下，随着脉冲周期增大，低密度级重产物分配率变化较小，高密度级重产物分配率略有下降。各实验分选指标列于表 3-17。

表 3-17　不同脉冲周期下分选密度 ρ 和可能偏差 E

主风量/(m^3/h)	考察指标	脉冲周期/s				
		1	2	3	4	6
230	分选密度 ρ/(g/cm^3)	1.26	1.29	1.30	1.30	1.30
	可能偏差 E/(g/cm^3)	0.175	0.160	0.170	0.200	0.220
250	分选密度 ρ/(g/cm^3)	1.43	1.45	1.48	1.51	1.52
	可能偏差 E/(g/cm^3)	0.205	0.195	0.200	0.280	0.350

由表 3-17 结果可知：

(1) 当主风量为 230 m^3/h 时，脉冲周期对分选密度 ρ 的影响较小；当主风量为 250 m^3/h 时，脉冲周期对分选密度的影响较大，且随着脉冲周期增大，分选密度逐渐升高。

(2) 相同主风量条件下，脉冲周期延长，总体上可能偏差 E 值逐渐增大，特别是主风量较大时，脉冲周期对可能偏差 E 值的影响更加显著。

3.4　变径脉动气流分选机结构参数与操作参数协同优化

通过前文研究结果可知，分选机结构参数和操作参数对粉煤气流分选的效果均具有重要影响，尤其是不同结构和操作条件对分选密度和可能偏差的影响规律差异较大，仅通过上述单因素实验无法确定各因素对分选效果的综合作用，因此须对不同结构参数与操作参数的综合作用进行研究，以考察其协同作用机制。

结合前文结构参数和操作参数的单因素实验研究，选取变径段锥比、主风量、脉冲风量、脉冲周期共四个因素，每因素取三个水平，具体因素水平见表 3-18。

表 3-18　因素水平表

水平	因素			
	A	B	C	D
	主风量/(m^3/h)	脉冲风量/(m^3/h)	脉冲周期/s	锥比
1	230	5	2	1/25
2	250	10	4	2/25
3	270	15	6	3/25

结合表 3-18 因素水平表，采用 Design-Expert 软件[131-132]进行实验设计。通过绘制不同分选实验重产物分配曲线，获得分选密度 ρ 和可能偏差 E 指标，见表 3-19。

表 3-19　不同条件分选实验结果及指标

序号	主风量/(m^3/h)	脉冲风量/(m^3/h)	脉冲周期/s	锥比	分选密度/(g/cm^3)	可能偏差/(g/cm^3)
1	250	10	4	2/25	1.51	0.280
2	250	10	2	3/25	1.42	0.230
3	230	10	4	3/25	1.27	0.270
4	250	10	4	2/25	1.51	0.280
5	250	5	2	2/25	1.42	0.200
6	250	10	6	1/25	1.54	0.300
7	270	10	2	2/25	1.71	0.455
8	270	10	4	1/25	1.75	0.480
9	230	5	4	2/25	1.27	0.200
10	230	10	2	2/25	1.29	0.165
11	250	15	4	3/25	1.47	0.290
12	250	10	4	2/25	1.51	0.280
13	250	10	2	1/25	1.46	0.210
14	250	15	2	2/25	1.47	0.255
15	230	10	4	1/25	1.31	0.170
16	270	15	4	2/25	1.75	0.470
17	250	10	4	2/25	1.51	0.280
18	250	5	4	1/25	1.52	0.255
19	270	10	4	3/25	1.72	0.390
20	250	10	4	2/25	1.51	0.280
21	250	10	6	3/25	1.50	0.275
22	230	15	4	2/25	1.20	0.205
23	250	5	6	2/25	1.44	0.340
24	250	15	4	1/25	1.51	0.270
25	270	5	4	2/25	1.72	0.420
26	250	5	4	3/25	1.47	0.270
27	250	15	6	2/25	1.53	0.375
28	270	10	6	2/25	1.74	0.470
29	230	10	6	2/25	1.30	0.220

3.4.1　分选密度多因素影响分析

根据表 3-19 实验结果，首先对结构参数与操作参数对分选密度 ρ 的影响规律进行研究。由于事先无法确定各因素之间是否存在交互作用，因此本节先假设其交互作用存在且仅存在二重交互作用。对表 3-19 实验结果分选密度 ρ 进行方差分析，分析结果见表 3-20。

表 3-20 二重交互作用方差分析

因素	平方和	自由度	均方	F 值	Prob>F
A	0.630 2	1	0.630 2	821.373 2	<0.000 1
B	0.000 7	1	0.000 7	0.879 8	0.364 2
C	0.006 5	1	0.006 5	8.515 1	0.011 2
D	0.004 8	1	0.004 8	6.256 0	0.025 4
AB	0.002 5	1	0.002 5	3.258 3	0.092 6
AC	0.000 1	1	0.000 1	0.130 3	0.723 5
AD	0	1	0	0.032 6	0.859 3
BC	0.000 4	1	0.000 4	0.521 3	0.482 2
BD	0	1	0	0.032 6	0.859 3
CD	0	1	0	0	1.000 0
A^2	0.000 4	1	0.000 4	0.529 8	0.478 7
B^2	0.003 9	1	0.003 9	5.109 1	0.050 3
C^2	0.002 2	1	0.002 2	2.841 5	0.114 0
D^2	0.000 1	1	0.000 1	0.093 9	0.763 7

表 3-20 中，“Prob>F”代表事件发生的可能性大于 F 的概率，因此当“Prob>F”小于 0.01 时，说明该因素影响极其显著；当“Prob>F”大于 0.01 且小于 0.05 时，说明该因素影响显著；当“Prob>F”大于 0.05 且小于 0.1 时，说明该因素影响一般显著；当“Prob>F”大于 0.1 时，说明该因素影响不显著。

从表 3-20 中各因素及其交互作用的“Prob>F”值可知，各交互作用“Prob>F”值均较大，均高于阈值 0.05。因此，为简单起见，可认为各因素间交互作用对分选密度 ρ 影响较小。为此，采用无交互作用方法对表 3-19 结果重新作方差分析，见表 3-21。

表 3-21 无交互作用方差分析

因素	平方和	自由度	均方	F 值	Prob>F
A	0.630 0	1.000 0	0.630 0	738.280 0	<0.000 1
B	0.000 7	1.000 0	0.000 7	0.790 0	0.382 7
C	0.006 5	1.000 0	0.006 5	7.650 0	0.010 7
D	0.004 8	1.000 0	0.004 8	5.620 0	0.026 1

根据表 3-21 方差分析结果可知，因素 A 即主风量影响极其显著，因素 C 和 D 即脉冲周期和锥比影响显著，因素 B 即脉冲风量影响不显著。

根据上述结果，建立分选密度 ρ 与各因素间的数学关联式

$$\rho = -1.392\ 11 + 0.011\ 458A + 0.001\ 501B + 0.011\ 667C - 0.020\ 000D \qquad (3\text{-}3)$$

式(3-3)拟合精度较高，其确定系数 R^2 为 0.969 1，修正的 R^2 为 0.963 9。其拟合效果残差正态分布图见图 3-24。显然，各点基本在一条直线上，拟合精度可以接受。

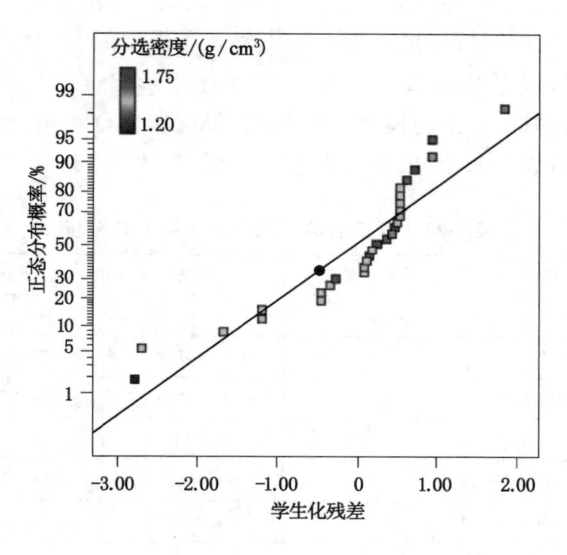

图 3-24 残差正态分布图

3.4.2 可能偏差多因素影响分析

上节详细分析了四种因素对分选密度 ρ 的影响规律，本节将采用类似方法研究结构参数与操作参数对可能偏差 E 的影响规律。同样，事先假设各因素间存在交互作用且仅存在二重交互作用。对表 3-19 实验结果可能偏差 E 进行方差分析，分析结果见表 3-22。

表 3-22 二重交互作用方差分析

因素	平方和	自由度	均方	F 值	Prob>F
A	0.180 0	1	0.180 0	288.100 0	<0.000 1
B	0.002 7	1	0.002 7	4.410 0	0.054 4
C	0.018 0	1	0.018 0	29.430 0	<0.000 1
D	0.000 1	1	0.000 1	0.220 0	0.647 9
AB	0.000 5	1	0.000 5	0.830 0	0.378 6
AC	0.000 4	1	0.000 4	0.650 0	0.432 5
AD	0.009 0	1	0.009 0	14.740 0	0.001 8
BC	0.000 1	1	0.000 1	0.160 0	0.692 2
BD	0	1	0	0.010 0	0.921 0
CD	0.000 5	1	0.000 5	0.830 0	0.378 6
A^2	0.016 0	1	0.016 0	26.480 0	0.000 1
B^2	0.000 1	1	0.000 1	0.200 0	0.659 4
C^2	0	1	0	0.066 0	0.800 7
D^2	0.001 1	1	0.001 1	1.820 0	0.198 2

从表 3-22 中各因素及其交互作用的“Prob>F”值可知，各交互作用“Prob>F”值中，仅 AD 交互作用和 A^2 交互作用低于阈值 0.05，其余交互作用的“Prob>F”值均大于 0.1。因此，各因素交互作用中，仅需考虑 AD 和 A^2 的交互作用影响。

为此，对表 3-22 采用交互作用模型进行修正，仅保留 AD 和 A^2 的作用项。采用修正后的二重交互作用方法对表 3-19 结果重新做方差分析，见表 3-23。

表 3-23　修正后的二重交互作用方差分析

因素	平方和	自由度	均方	F 值	Prob>F
A	0.180 0	1	0.180 0	336.500 0	<0.000 1
B	0.002 7	1	0.002 7	5.150 0	0.033 4
C	0.018 0	1	0.018 0	34.370 0	<0.000 1
D	0.000 1	1	0.000 1	0.250 0	0.619 1
AD	0.009 0	1	0.009 0	17.210 0	0.000 4
A^2	0.019 0	1	0.019 0	35.650 0	<0.000 1

由表 3-23 修正后的方差分析结果可知，因素 A、C、AD、A^2 的“Prob>F”值均小于 0.01，即该系列因素对可能偏差 E 影响极其显著；而因素 B 的“Prob>F”值介于 0.01～0.05 之间，影响显著；因素 D 的“Prob>F”值大于 0.1，影响不显著。

根据上述结果，建立可能偏差 E 与各因素间的数学关联式

$$E = 5.511\,18 - 0.053\,618A + 0.003\,00B + 0.019\,375C + 0.597\,08D - 0.002\,375AD + 0.000\,128\,8A^2 \tag{3-4}$$

式(3-4)拟合精度较高，其确定系数 R^2 为 0.951 2，修正的 R^2 为 0.937 9。其拟合效果残差正态分布图见图 3-25。

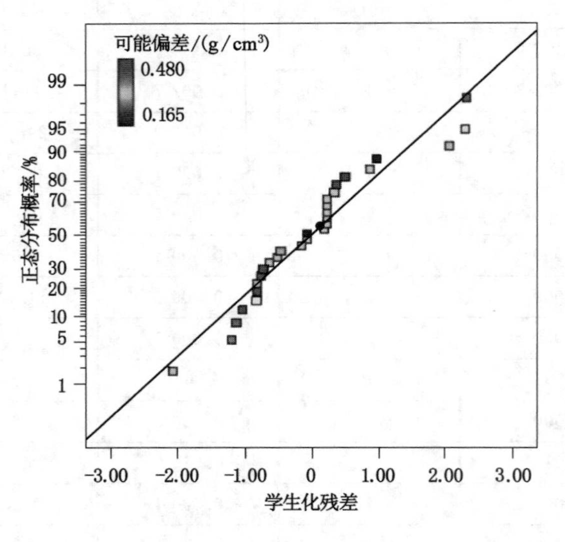

图 3-25　残差正态分布图

3.4.3 基于参数寻优方法的结构参数与操作参数协同优化

分析前述实验结果可知，结构参数与操作参数对分选效果的影响均十分显著，且不同参数对分选效果的影响差异较大，如何保证在一定分选密度条件下取得最小可能偏差，是结构参数与操作参数协同优化的关键。

结合 3.4.1 和 3.4.2 小节中分选密度 ρ 与可能偏差 E 的数学模型可知，该关键问题可转化为多参数组合寻优问题，即在一定约束条件下，给定分选密度，寻求主风量 A、脉冲风量 B、脉冲周期 C 和锥比 D 的最佳组合搭配关系。

其中，约束条件数学形式如下：

$$\begin{cases} \rho = f(A,B,C,D) \\ E = g(A,B,C,D) \\ \rho = \rho_0 \\ E = E_{\min} \end{cases} \tag{3-5}$$

式中 ρ_0——给定分选密度，g/cm^3。

本节采用 Design-Expert 中响应曲面方法（RSM）[133] 解决上述参数寻优问题。给定分选密度为 1.40～1.70 g/cm^3，密度间隔为 0.05 g/cm^3。将式(3-3)和式(3-4)代入式(3-5)可得不同给定分选密度下的最佳匹配参数，见表 3-24。

表 3-24 给定分选密度下最佳匹配参数

给定分选密度/(g/cm^3)	最小可能偏差/(g/cm^3)	匹配参数			
		主风量/(m^3/h)	脉冲风量/(m^3/h)	脉冲周期/s	锥比
1.40	0.164 7	242.66	5.11	2.07	1.01/25
1.45	0.195 0	247.04	5.38	2.00	1.00/25
1.50	0.230 2	251.45	5.00	2.01	1.00/25
1.55	0.270 1	259.25	5.00	2.01	2.97/25
1.60	0.292 7	263.24	5.03	2.00	3.00/25
1.65	0.290 2	265.12	5.02	1.00	3.00/25
1.70	0.292 7	265.40	5.13	1.00	3.00/25

由表 3-24 可以发现，当要求分选密度较低时，采用小锥比结构的分选机，分选精度更高；当要求分选密度较高时，采用大锥比结构的分选机，分选精度更高。因此，在设计变径脉动气流分选机时，应先对煤样性质进行基本判断，以辅助其结构设计更加合理，同时配合操作参数以保证分选精度。

4　基于物性差异的分选特性研究

4.1　物性对分选过程影响的理论分析

通常来讲，煤炭分选过程主体上是以密度为主导进行的分离过程，但该分离过程同时也伴随着一定程度的分级，例如跳汰、重介选等常规重选过程，对粒度较细的粉煤分选精度较低，密度错配效应明显；TBS（干扰床分选机）等粗煤泥分选设备的分选精度对入料粒度范围变化也较为敏感。粉煤变径脉动气流分选过程也不例外，尤其是，气流分选方法受限于介质密度较低等原因，分选精度与重介选方法有一定差距，导致其分选过程中的分级现象更为严重。为此，本章依据粉煤气流分选实验结果，分别研究了物料密度组成和粒度组成对粉煤变径脉动气流分选效果和分选过程中的分级效应的影响。

4.1.1　物性对分选效果的影响

粉煤气流分选过程中，分选密度是最关键的分选效果评定指标，即密度分配曲线中重产物（或轻产物）分配率为50%处对应的密度。本节通过理论分析，阐述了物料性质对气流分选过程中实际分选密度的影响。

张荣曾[134]根据特拉的理论，认为分配曲线大致符合按密度分布的正态累积概率曲线，将分配曲线表示为

$$\varepsilon_{(\rho)} = \frac{1}{\sigma_\rho \sqrt{2\pi}} \int_{-\infty}^{\rho} e^{-\frac{(\rho-\rho_p)^2}{2\sigma_\rho^2}} d\rho \tag{4-1}$$

式中　ρ——给定密度，g/cm³；

ρ_p——分选密度，g/cm³；

$\varepsilon_{(\rho)}$——密度为 ρ 时对应的分配率；

σ_ρ——正态分布标准误差，g/cm³。

假设颗粒群由粒度为 d_1、d_2、d_3、…、d_n 的不同离散子粒群组成，且各粒度含量分别为 λ_1、λ_2、λ_3、…、λ_n，即该粒群粒度组成为表4-1所述形式。

表4-1　粒群粒度组成

粒度/mm	d_1	d_2	d_3	…	d_n	合计
含量/%	λ_1	λ_2	λ_3	…	λ_n	100

注：$\lambda_1+\lambda_2+\lambda_3+\cdots\cdots+\lambda_n=100$。

假设在气流分选过程中，相同条件下，对于表4-1中不同粒度的子粒群，其分选精度相

同，即可能偏差 E 相同，仅分选密度 ρ_p 不同。由于不同粒度大小的子粒群，其分选密度 ρ_p 决定分配曲线的位置，σ 决定分配曲线形状[135]，因此，各子粒群分配曲线形状相同，仅分配曲线位置有一定差异。根据分配曲线的定义[136]，可知

$$E = 0.6745\sigma_\rho \tag{4-2}$$

因此，粒度大小为 d_n 的子粒群中，密度为 ρ 的颗粒对应的分配率可表示为

$$\varepsilon_{(\rho)(n)} = \frac{1}{\sigma_\rho\sqrt{2\pi}}\int_{-\infty}^{\rho} e^{-\frac{(\rho-\rho_{pn})^2}{2\sigma_\rho^2}}\mathrm{d}\rho \tag{4-3}$$

式中 ρ_{pn}——粒度大小为 d_n 的子粒群的在一定条件下的分选密度，g/cm³；

$\varepsilon_{(\rho)(n)}$——密度为 ρ 时对应的分配率。

那么，整个颗粒群系统中，密度为 ρ 的颗粒对应的分配率可表示为

$$\lambda_1\varepsilon_{(\rho)(1)} + \lambda_2\varepsilon_{(\rho)(2)} + \lambda_3\varepsilon_{(\rho)(3)} + \cdots + \lambda_n\varepsilon_{(\rho)(n)} = \varepsilon \tag{4-4}$$

即密度为 ρ 时对应的分配率为

$$\begin{aligned}\varepsilon = {} & \lambda_1\frac{1}{\sigma_\rho\sqrt{2\pi}}\int_{-\infty}^{\rho} e^{-\frac{(\rho-\rho_{p1})^2}{2\sigma_\rho^2}}\mathrm{d}\rho + \lambda_2\frac{1}{\sigma_\rho\sqrt{2\pi}}\int_{-\infty}^{\rho} e^{-\frac{(\rho-\rho_{p2})^2}{2\sigma_\rho^2}}\mathrm{d}\rho + \\ & \lambda_3\frac{1}{\sigma_\rho\sqrt{2\pi}}\int_{-\infty}^{\rho} e^{-\frac{(\rho-\rho_{p3})^2}{2\sigma_\rho^2}}\mathrm{d}\rho + \cdots + \lambda_n\frac{1}{\sigma_\rho\sqrt{2\pi}}\int_{-\infty}^{\rho} e^{-\frac{(\rho-\rho_{pn})^2}{2\sigma_\rho^2}}\mathrm{d}\rho\end{aligned} \tag{4-5}$$

为简化起见，将式(4-5)采用矩阵形式描述为

$$\varepsilon = \boldsymbol{AB} \tag{4-6}$$

其中，矩阵 $\boldsymbol{A}$ 和 $\boldsymbol{B}$ 分别为

$$\boldsymbol{A} = \frac{1}{\sigma_\rho\sqrt{2\pi}}\left[\int_{-\infty}^{\rho} e^{-\frac{(\rho-\rho_{p1})^2}{2\sigma_\rho^2}}\mathrm{d}\rho, \int_{-\infty}^{\rho} e^{-\frac{(\rho-\rho_{p2})^2}{2\sigma_\rho^2}}\mathrm{d}\rho, \int_{-\infty}^{\rho} e^{-\frac{(\rho-\rho_{p3})^2}{2\sigma_\rho^2}}\mathrm{d}\rho, \cdots, \int_{-\infty}^{\rho} e^{-\frac{(\rho-\rho_{pn})^2}{2\sigma_\rho^2}}\mathrm{d}\rho\right] \tag{4-7}$$

$$\boldsymbol{B} = \begin{bmatrix}\lambda_1 \\ \lambda_2 \\ \lambda_3 \\ \vdots \\ \lambda_n\end{bmatrix} \tag{4-8}$$

式(4-7)和式(4-8)中，矩阵 $\boldsymbol{A}$ 代表分选条件对分配率的影响结果，且 ρ_{pn} 主要受风量大小的影响，在一定分选条件下为定值；矩阵 $\boldsymbol{B}$ 代表颗粒群的粒度组成，物料粒度组成不变，其值也保持恒定。针对某一颗粒群，一定分选条件下，其分选密度 ρ_p 为 $\varepsilon=\boldsymbol{AB}=50\%$ 对应的密度。

若物料粒度组成发生变化，假设较粗粒级 d_b 含量增加为 $(\lambda_b+\Delta\lambda)$，较细粒级 d_a 含量减少为 $(\lambda_a-\Delta\lambda)$，其变化前密度为 ρ 时对应的分配率为 ε_0，那么，矩阵 $\boldsymbol{B}$ 为

$$\boldsymbol{B} = \begin{bmatrix}\lambda_1 \\ \lambda_2 \\ \vdots \\ (\lambda_a - \Delta\lambda) \\ \vdots \\ (\lambda_b + \Delta\lambda) \\ \vdots \\ \lambda_n\end{bmatrix} \tag{4-9}$$

因此，分配率理论表达式变为

$$\varepsilon = \varepsilon_0 + \Delta\lambda \frac{1}{\sigma_\rho \sqrt{2\pi}} \left\{ \int_{-\infty}^{\rho} \left[e^{-\frac{(\rho-\rho_{pb})^2}{2\sigma_\rho^2}} - e^{-\frac{(\rho-\rho_{pa})^2}{2\sigma_\rho^2}} \right] d\rho \right\} \tag{4-10}$$

下面分三种情况讨论粒度组成变化对分选过程的影响。

(1) 若 ρ_{pa}、ρ_{pb} 均高于原分选密度 ρ，此时，粒级 d_a 和粒级 d_b 相对整体粒度分布（$d_1 \sim d_n$）而言均较细，可得

$$(\rho - \rho_{pb})^2 < (\rho - \rho_{pa})^2 \tag{4-11}$$

$$\Delta\lambda \frac{1}{\sigma_\rho \sqrt{2\pi}} \left\{ \int_{-\infty}^{\rho} \left[e^{-\frac{(\rho-\rho_{pb})^2}{2\sigma_\rho^2}} - e^{-\frac{(\rho-\rho_{pa})^2}{2\sigma_\rho^2}} \right] d\rho \right\} < 0 \tag{4-12}$$

为保证 $\varepsilon = \boldsymbol{AB} = 50\%$ 保持不变，势必导致积分上限增大，即分选密度升高。因此，可大致估计，若低于平均粒度的两个粒级含量发生变化，较粗粒级含量增加，则分选密度升高。

(2) 若 ρ_{pa}、ρ_{pb} 均低于原分选密度 ρ，此时，粒级 d_a 和粒级 d_b 相对整体粒度分布（$d_1 \sim d_n$）而言均较粗，可得

$$(\rho - \rho_{pb})^2 > (\rho - \rho_{pa})^2 \tag{4-13}$$

$$\Delta\lambda \frac{1}{\sigma_\rho \sqrt{2\pi}} \left\{ \int_{-\infty}^{\rho} \left[e^{-\frac{(\rho-\rho_{pb})^2}{2\sigma_\rho^2}} - e^{-\frac{(\rho-\rho_{pa})^2}{2\sigma_\rho^2}} \right] d\rho \right\} > 0 \tag{4-14}$$

为保证 $\varepsilon = \boldsymbol{AB} = 50\%$ 保持不变，势必导致积分上限降低，即分选密度降低。因此，可大致估计，若高于平均粒度的两个粒级含量发生变化，较粗粒级含量增加，则分选密度降低。

(3) 若 ρ_{pa} 高于原分选密度 ρ、ρ_{pb} 低于原分选密度 ρ，此时，粒级 d_a 相对整体粒度分布（$d_1 \sim d_n$）而言较细，粒级 d_b 相对整体粒度分布（$d_1 \sim d_n$）而言较粗。同理，ρ_{pa} 与 ρ 的偏差大于 ρ_{pb} 与 ρ 的偏差时

$$\Delta\lambda \frac{1}{\sigma_\rho \sqrt{2\pi}} \left\{ \int_{-\infty}^{\rho} \left[e^{-\frac{(\rho-\rho_{pb})^2}{2\sigma_\rho^2}} - e^{-\frac{(\rho-\rho_{pa})^2}{2\sigma_\rho^2}} \right] d\rho \right\} < 0 \tag{4-15}$$

可大致估计，粗粒级与平均粒度的偏差小于细粒级与平均粒度的偏差时，粗粒级含量增加，则分选密度升高。

ρ_{pa} 与 ρ 的偏差小于 ρ_{pb} 与 ρ 的偏差时

$$\Delta\lambda \frac{1}{\sigma_\rho \sqrt{2\pi}} \left\{ \int_{-\infty}^{\rho} \left[e^{-\frac{(\rho-\rho_{pb})^2}{2\sigma_\rho^2}} - e^{-\frac{(\rho-\rho_{pa})^2}{2\sigma_\rho^2}} \right] d\rho \right\} > 0 \tag{4-16}$$

可大致估计，粗粒级与平均粒度的偏差大于细粒级与平均粒度的偏差时，粗粒级含量增加，则分选密度降低。

综上可知，虽然上述分配率数学表达式形式复杂，不便于直接计算各密度级分配率，但可通过对该数学表达式定性分析得出一些重要结论，初步判断粒度组成对分选密度的影响规律。

4.1.2 物性对分选过程中分级效应的影响

按照上述物性差异对分选过程影响的分析方法，可对分级粒度进行类似的描述，即粒度分配曲线中粗粒级（或细粒级）分配率为 50%处对应的粒度。假设粒度分配曲线同样符合按粒度分布的正态累积概率曲线，即粒度分配曲线可表示为

$$\varepsilon_{(D)} = \frac{1}{\sigma_d \sqrt{2\pi}} \int_{-\infty}^{D} e^{-\frac{(D-D_p)^2}{2\sigma_d^2}} dD \tag{4-17}$$

式中　D——给定粒度，mm；

D_p——分级粒度，mm；

$\varepsilon_{(D)}$——密度为 D 时对应的分配率；

σ_d——正态分布标准误差，mm。

假设颗粒群由密度为 ρ_1、ρ_2、ρ_3、…、ρ_n 的不同离散子粒群组成，且各密度级含量分别为 γ_1、γ_2、γ_3、…、γ_n，即该粒群密度组成为表 4-2 所述形式。

表 4-2　粒群密度组成

密度/(g/cm³)	ρ_1	ρ_2	ρ_3	…	ρ_n	合计
含量/%	γ_1	γ_2	γ_3	…	γ_n	100

注：$\gamma_1+\gamma_2+\gamma_3+\cdots\cdots+\gamma_n=100$。

粒度为 D 时对应的分配率为

$$\varepsilon' = \boldsymbol{XY} \tag{4-18}$$

其中，矩阵 $\boldsymbol{X}$ 和 $\boldsymbol{Y}$ 分别为

$$\boldsymbol{X} = \frac{1}{\sigma_d\sqrt{2\pi}}\left[\int_{-\infty}^{D} \mathrm{e}^{-\frac{(D-D_{\mathrm{p1}})^2}{2\sigma_d^2}}\mathrm{d}D, \int_{-\infty}^{D} \mathrm{e}^{-\frac{(D-D_{\mathrm{p2}})^2}{2\sigma_d^2}}\mathrm{d}D, \int_{-\infty}^{D} \mathrm{e}^{-\frac{(D-D_{\mathrm{p3}})^2}{2\sigma_d^2}}\mathrm{d}D, \cdots, \int_{-\infty}^{D} \mathrm{e}^{-\frac{(D-D_{\mathrm{pn}})^2}{2\sigma_d^2}}\mathrm{d}D\right] \tag{4-19}$$

$$\boldsymbol{Y} = \begin{bmatrix} \gamma_1 \\ \gamma_2 \\ \gamma_3 \\ \vdots \\ \gamma_n \end{bmatrix} \tag{4-20}$$

式中　D_{pn}——密度为 ρ_n 的子粒群在一定条件下的分级粒度，mm。

同样的，分三种情况讨论密度组成变化对分级过程的影响：

(1) 若 D_{pa}、D_{pb} 均高于原分级粒度 D，此时，密度级 ρ_a 和密度级 ρ_b 相对整体密度分布 ($\rho_1\sim\rho_n$) 而言均较轻，可大致估计，若低于平均密度的两个密度级含量发生变化，较重密度级含量增加，则分级粒度增大。

(2) 若 D_{pa}、D_{pb} 均低于原分级粒度 D，此时，密度级 ρ_a 和密度级 ρ_b 相对整体密度分布 ($\rho_1\sim\rho_n$) 而言均较重，可大致估计，若高于平均密度的两个密度级含量发生变化，较重密度级含量增加，则分级粒度减小。

(3) 若 D_{pa} 高于原分级粒度 D、D_{pb} 低于原分级粒度 D，此时，密度级 ρ_a 相对整体密度分布 ($\rho_1\sim\rho_n$) 而言均较轻，密度级 ρ_b 相对整体密度级分布 ($\rho_1\sim\rho_n$) 而言均较重。D_{pa} 与 D 的偏差大于 D_{pb} 与 D 的偏差时，可大致估计，高密度级与平均密度的偏差小于低密度级与平均密度的偏差时，高密度级含量增加，则分级粒度增大。D_{pa} 与 D 的偏差小于 D_{pb} 与 D 的偏差时，可大致估计，高密度级与平均密度的偏差大于低密度级与平均密度的偏差时，高密度级含量增加，则分级粒度减小。

综上可知，通过上述数学表达式的定性分析，可初步判断粒度组成对分选密度的影响规律。

4.2 物性对分选实验效果的影响

4.2.1 人工制取样品方法

通过上节对分选密度和分级粒度的理论分析，大体上明确了物料性质对分选效果和分级效应的影响规律。下面将采用不同性质的粉煤进行变径脉动气流分选实验，考察物料密度组成和粒度组成在实际分选过程中对分选效果和分选过程中分级效应的影响。

实验过程中，采用不同密度组成和不同粒度组成的煤样分别进行分选实验，因此需严格控制各实验用煤的密度组成和粒度组成。然而，天然煤样密度和粒度组成各异、性质不一，若不采取特殊方法，很难按照实验方案选取单一性质不同、其余性质恒定的实验物料。为此，本节采用人工制样方法，依据实验方案设计和制备不同密度组成和粒度组成的煤样。其中，人工制样方法具体步骤如图 4-1 所示。

图 4-1 中实验用煤样人工制取方法的基本思路为：

(1) 首先将原生 6～3 mm 粉煤筛分为 3～4 mm、4～5 mm 和 5～6 mm 三个粒级；

(2) 然后将各粒级煤样分别进行浮沉实验，获得不同粒级、不同密度级的样品，总计 3×6＝18 个；

(3) 根据实验方案，将 18 个样品分别按照一定质量比混合，得到最终的分选和分级实验用样品，共两大类：第 1 类为粒度组成相同，但密度组成不同；第 2 类为密度组成相同，但粒度组成不同。

4.2.2 密度组成对分选过程的影响规律

为考察物料密度组成对粉煤变径脉动气流分选效果的影响，采用粒度组成相同但密度组成不同的 3 组煤样分别在相同条件下进行分选实验。其中，各组煤样中各密度级的粒度组成均相同，各组煤样浮沉资料见表 4-3，各密度级粒度组成见表 4-4。由于颗粒重量离散分布，实际操作时难以做到各密度级产率完全相同，因此，3 组煤样各密度级粒度组成基本按照表 4-4 配制，仅精度有细微差别。

表 4-3 不同煤样密度组成

密度级/(g/cm^3)	煤样 1		煤样 2		煤样 3	
	产率/%	灰分/%	产率/%	灰分/%	产率/%	灰分/%
＜1.3	6.87	10.04	11.25	10.04	26.88	10.04
≥1.3～1.4	23.66	16.24	8.95	16.24	5.65	16.24
≥1.4～1.5	35.17	22.81	12.66	22.81	4.88	22.81
≥1.5～1.6	18.56	40.31	12.39	40.31	4.02	40.31
≥1.6～1.8	10.05	47.70	22.36	47.70	21.33	47.70
≥1.8	5.69	71.27	32.39	71.27	37.24	71.27
合计	100.00	28.88	100.00	44.22	100.00	43.07

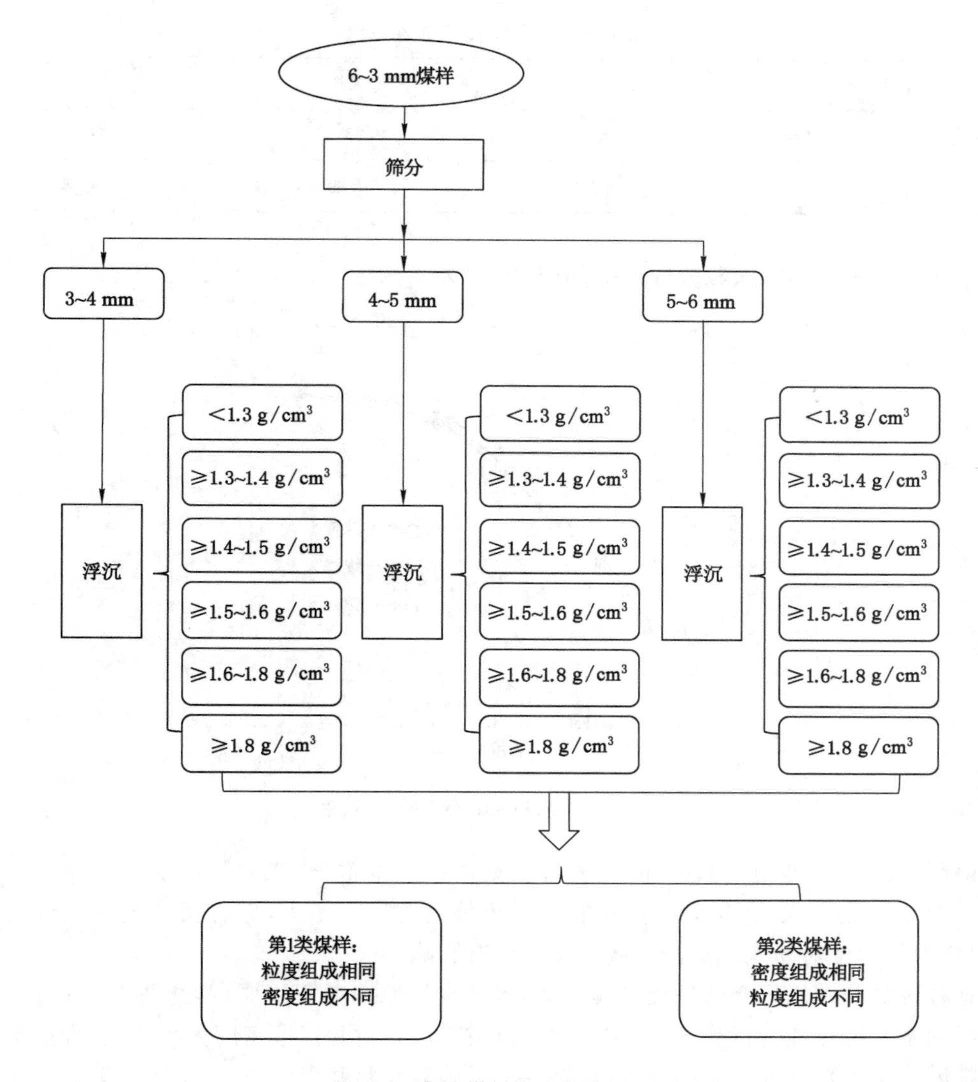

图 4-1 实验煤样人工制取方法

表 4-4 各密度级粒度组成

密度级/(g/cm³)		<1.3	≥1.3～1.4	≥1.4～1.5	≥1.5～1.6	≥1.6～1.8	≥1.8
粒度组成/%	3～4 mm	30.07	29.56	29.69	31.02	30.33	30.11
	4～5 mm	40.05	41.05	40.57	39.66	40.65	39.89
	5～6 mm	29.88	29.39	29.74	29.32	29.02	30.00
合计	3～6 mm	100.00	100.00	100.00	100.00	100.00	100.00

实验条件为：主风量为恒定流 250 m^3/h，脉冲风量为 10 m^3/h，周期为 2 s，脉冲阀门开闭时间比为 1∶1，分选机结构中变径段最大直径为 120 mm。根据第 3 章实验结果可知，该分选条件下分选密度约为 1.45 g/cm^3，此时，各组煤样可选性等级见表 4-5。

表 4-5　不同煤样可选性等级

煤样名称	煤样 1	煤样 2	煤样 3
分选密度±0.1 含量/%	56.28	23.33	9.72
可选性等级	极难选	较难选	易选

上述实验条件下的实验分配曲线如图 4-2 所示。

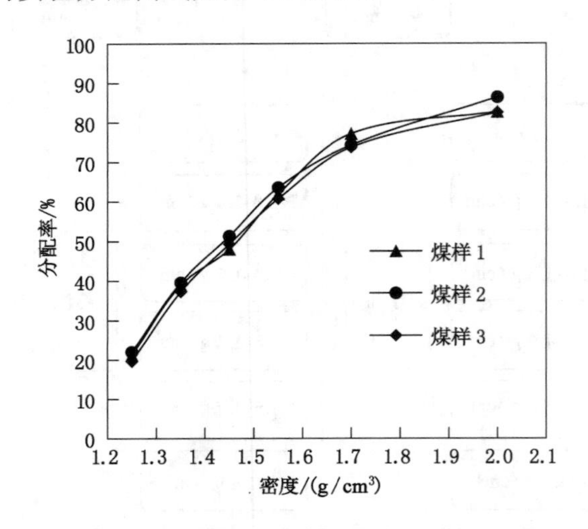

图 4-2　不同可选性煤样分选效果

由图 4-2 可知，当分选条件相同时，各分配曲线基本重合，三种分选结果中各密度级重产物分配率相差不大，各实验的分选密度和可能偏差区别不大，即各密度级粒度组成相近时，煤样的可选性对粉煤气流分选效果基本没有影响。

这种现象与常规重介选过程极其相似，但其本质原因并不相同：常规重介选过程，物料是按照阿基米德原理进行分选的，物料的上浮或下沉受重悬浮液密度大小控制，分选密度及分选精度分别由悬浮液密度和分选机结构决定，因而物料密度组成、粒度组成等性质均对其分选效果影响不大；而气流分选过程中，物料是按照空气动力学特性的差异进行分选的，分选密度及分选精度主要由操作参数和结构参数共同决定，只有每次分选过程中，物料中各密度级粒度组成相同时，才能保证可选性对分选效果没有大的影响。

4.2.3　粒度组成对分选过程的影响规律

4.2.3.1　6～3 mm 全粒级分选效果

与上述实验方法类似，为考察物料粒度组成对粉煤变径脉动气流分选效果的影响，采用密度组成相同但粒度组成不同的 5 组煤样分别在相同条件下进行分选实验。其中，各组煤样中各粒级的密度组成均相同，各密度级粒度组成见表 4-6，各组煤样密度组成见表 4-7。

表 4-6 不同煤样粒度组成

粒度/mm	含量/%				
	煤样 1	煤样 2	煤样 3	煤样 4	煤样 5
3～4	20.08	30.35	51.08	61.22	21.03
4～5	61.02	41.06	10.66	19.38	19.89
5～6	18.90	28.59	39.26	19.40	59.08
合计	100.00	100.00	100.00	100.00	100.00

表 4-7 各粒度级密度组成

密度级/(g/cm^3)	<1.3	≥1.3～1.4	≥1.4～1.5	≥1.5～1.6	≥1.6～1.8	≥1.8	合计
产率/%	7.98	21.66	33.69	19.36	8.99	8.32	100.00

由表 4-6 可知，以上 5 组粒度组成的煤样，主要差别在于：

(1) 煤样 1 粒度组成特点为中间含量多、两端含量少；

(2) 煤样 2 粒度组成特点为各粒级含量较为均匀；

(3) 煤样 3 粒度组成特点为中间含量少、两端含量多；

(4) 煤样 4 粒度组成特点为细粒级含量多、粗粒级含量少；

(5) 煤样 5 粒度组成特点为细粒级含量少、粗粒级含量多。

因此，研究以上 5 组不同粒度组成煤样在相同条件下的分选效果具备一定的典型性。

实验条件为：主风量为恒定流 250 m^3/h，脉冲风量为 10 m^3/h，周期为 2 s，脉冲阀门开闭时间比为1∶1，分选机结构中变径段最大直径为 120 mm。该实验条件下的分配曲线如图 4-3 所示。

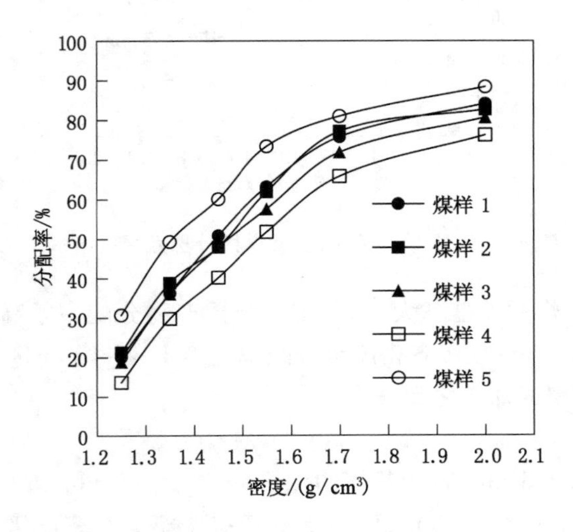

图 4-3 不同粒度组成煤样分选效果

由图 4-3 分选结果可知，相同分选条件下，不同粒度组成的煤样，其各密度级重产物分配率差异较大。总体上，粗粒级含量越多、细粒级含量越少，其重产物分配率越大，分选密度越小。各分选实验的分选密度见表 4-8。

表 4-8　不同粒度组成煤样分选密度

煤样	煤样 1	煤样 2	煤样 3	煤样 4	煤样 5
分选密度/(g/cm^3)	1.44	1.45	1.48	1.54	1.35

同时，值得注意的一点，虽然煤样 1 和煤样 2 粒度组成差异较大，但其分配曲线差异不大。为探讨此现象出现的原因，下面采用分粒级实验方法进行粉煤气流分选实验研究。

4.2.3.2　分粒级分选效果

为进一步研究粉煤气流分选过程中的粒度组成对分选效果的影响，采用分粒级实验方式考察各粒级的分选效果。分别采用 3～4 mm、4～5 mm 和 5～6 mm 三种粒级的煤样进行分选实验，各粒级密度组成仍按照表 4-7 所示含量进行配置。

实验条件为：主风量为恒定流 250 m^3/h，脉冲风量为 10 m^3/h，周期为 2 s，脉冲阀门开闭时间比为 1∶1，分选机结构中变径段最大直径为 120 mm。该实验条件下不同粒级煤样的分配曲线如图 4-4 所示。

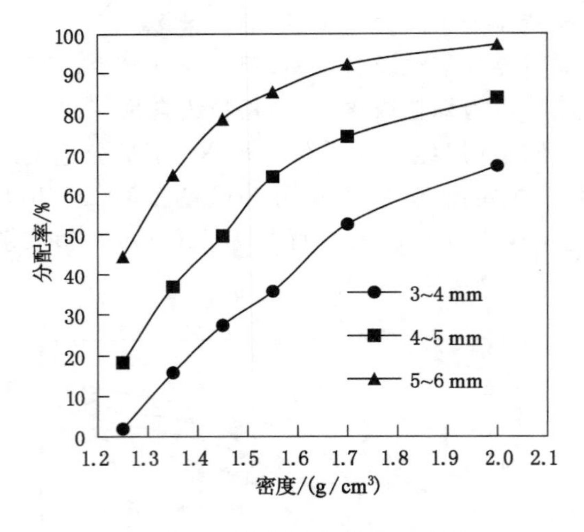

图 4-4　不同粒级煤样分选效果

由图 4-4 可以看出，煤样粒度越大，其各密度级重产物分配率越高。通过理论分析可知，若分选条件相同，则 6～3 mm 粒级各密度级分配率应等于 3～4 mm、4～5 mm 和 5～6 mm 三种粒级相应密度级分配率的加权之和，即

$$\lambda_1 x_n + \lambda_2 y_n + \lambda_3 z_n = \varepsilon \tag{4-21}$$

式中，λ_1、λ_2、λ_3 分别为 6～3 mm 粒级粉煤中 3～4 mm、4～5 mm、5～6 mm 各自百分含量；x_n、y_n、z_n 分别为 3～4 mm、4～5 mm、5～6 mm 粒级中第 n 个密度级的重产物分配率。

对于图 4-4 中分选结果，共 6 个密度级，若将各粒级重产物分配率分别以向量表示，则为

$$\boldsymbol{x}=\begin{bmatrix}x_1\\x_2\\x_3\\x_4\\x_5\\x_6\end{bmatrix},\quad \boldsymbol{y}=\begin{bmatrix}y_1\\y_2\\y_3\\y_4\\y_5\\y_6\end{bmatrix},\quad \boldsymbol{z}=\begin{bmatrix}z_1\\z_2\\z_3\\z_4\\z_5\\z_6\end{bmatrix},\quad \boldsymbol{\varepsilon}=\begin{bmatrix}\varepsilon_1\\\varepsilon_2\\\varepsilon_3\\\varepsilon_4\\\varepsilon_5\\\varepsilon_6\end{bmatrix} \tag{4-22}$$

式中，$\boldsymbol{x}$、$\boldsymbol{y}$、$\boldsymbol{z}$ 即为 3～4 mm、4～5 mm、5～6 mm 粒级煤样中各密度级分配率组成的矩阵向量。矩阵线性加权之和即为

$$\lambda_1\boldsymbol{x}+\lambda_2\boldsymbol{y}+\lambda_3\boldsymbol{z}=\varepsilon \tag{4-23}$$

以图 4-3 中煤样 2 分选结果为例进行分析，其中，$\lambda_1=30.35\%$、$\lambda_2=41.06\%$、$\lambda_3=28.59\%$，代入式(4-23)可得煤样 2 各密度级计算分配率，见表 4-9。

表 4-9　煤样 2 各密度级计算分配率

密度级/(g/cm³)	<1.3	≥1.3～1.4	≥1.4～1.5	≥1.5～1.6	≥1.6～1.8	≥1.8
分配率/%	20.83	38.45	51.12	61.54	72.73	82.45

将理论计算分配率与实验值进行比较，结果见图 4-5。

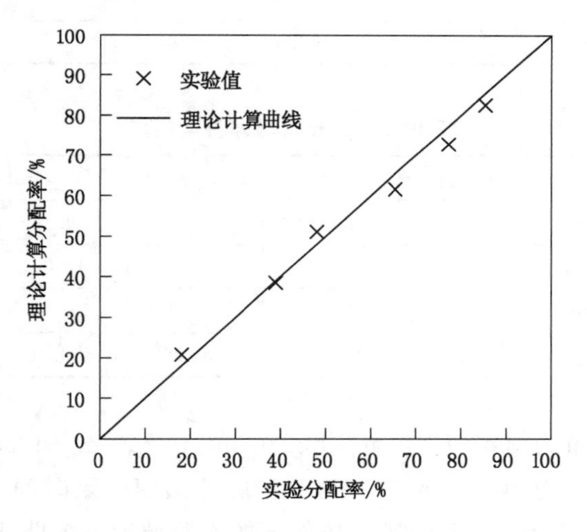

图 4-5　分配率理论计算值与实验值对比

由图 4-5 可知，分配率理论计算值与实验值极为接近，表明式(4-23)基本符合预期。均方根误差为

$$S=\sqrt{\frac{1}{6}\sum\left(\frac{\varepsilon_{计算}-\varepsilon_{实验}}{\varepsilon_{实验}}\right)^2}=0.0775 \tag{4-24}$$

因此，对于两组粒度组成不同的 6～3 mm 粉煤，若参数 λ_1、λ_2、λ_3 均满足式(4-23)，则两组粉煤分选效果总体分配曲线基本重合，各密度级分配率基本相同。

4.3 物性对分级实验结果的影响

4.3.1 主风量对分级效应的影响规律

关于主风量等参数对粉煤气流分选效果的影响，已经在前面章节内容中做了重点论述，本节将采用类似方法研究主风量对分选过程中分级效应的影响。

为研究主风量对分级效应的影响，采用 6～3 mm 煤样，分别在不同条件下进行分选实验。实验用煤样粒度和密度组成见表 4-10 和表 4-11。

表 4-10 实验用煤样密度组成

密度级/(g/cm³)	产率/%	灰分/%
<1.3	14.89	10.04
≥1.3～1.4	24.67	16.24
≥1.4～1.5	22.03	22.81
≥1.5～1.6	15.06	40.31
≥1.6～1.8	11.12	47.70
≥1.8	12.23	71.27
合计	100.00	30.62

表 4-11 实验用煤样粒度组成

密度级/(g/cm³)		<1.3	≥1.3～1.4	≥1.4～1.5	≥1.5～1.6	≥1.6～1.8	≥1.8
粒度组成/%	3～4 mm	31.05	30.36	30.66	30.55	30.58	31.21
	4～5 mm	39.22	40.67	38.95	41.02	40.65	40.36
	5～6 mm	29.73	28.97	30.39	28.43	28.77	28.43
合计	3～6 mm	100.00	100.00	100.00	100.00	100.00	100.00

实验条件为：主风量为恒定流 230 m^3/h、240 m^3/h、250 m^3/h、260 m^3/h 和 270 m^3/h，其他条件相同，脉冲风量为 10 m^3/h，周期为 2 s，脉冲阀门开闭时间比为 1∶1，分选机结构中变径段最大直径为 120 mm。不同风量条件下的实验粒度分配曲线如图 4-6 所示。

由图 4-6 可知，随着主风量增大，各粒度级分配率逐渐降低，粒度分配曲线整体下移，分级粒度逐渐增大。表 4-12 为不同主风量条件下的分级粒度。

表 4-12 不同主风量条件下分级粒度

风量/(m³/h)	230	240	250	260	270
分级粒度/mm	3.46	3.96	4.95	4.90	5.32

分析表 4-12 可知，该分选条件下，分级粒度与主风量基本呈线性关系，其关系曲线见图 4-7。

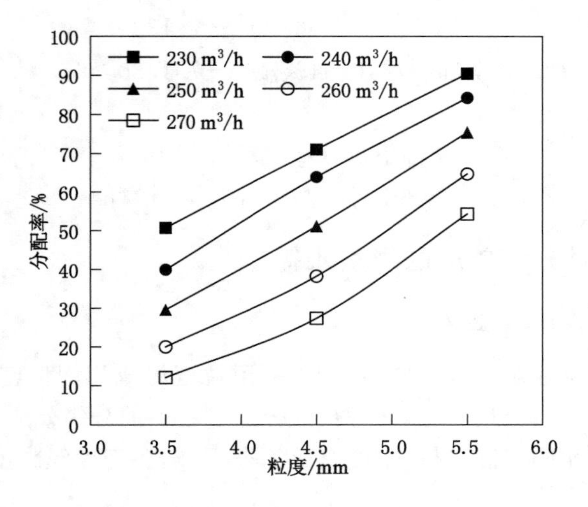

图 4-6 不同主风量分级效应

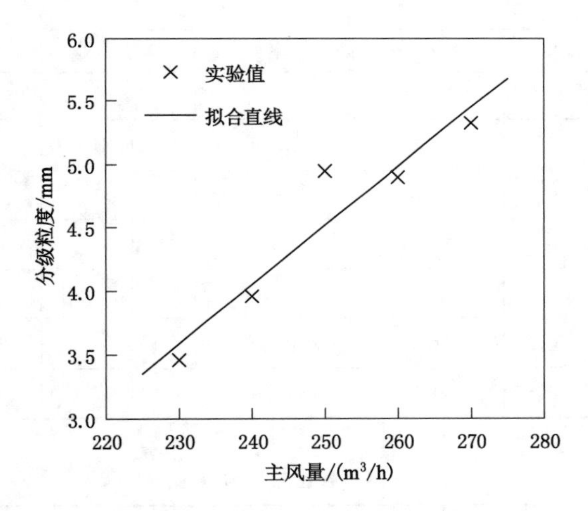

图 4-7 分级粒度随主风量变化规律

对图 4-7 所示分级粒度实验值进行线性拟合，可得

$$D_{p} = 0.0466Q_{主} - 7.1320 \tag{4-25}$$

式中 D_p——分级粒度，mm；

$Q_{主}$——主风量大小，m^3/h。

式(4-25)拟合精度较高，误差平方和 $R^2=0.9024$，均方根误差为

$$S = \sqrt{\frac{1}{5}\sum\left(\frac{D_{p计算} - D_{p实验}}{D_{p实验}}\right)^2} = 0.0455 \tag{4-26}$$

由于分选、分级物料为 6～3 mm 粉煤，若某条件下 $D_p \leqslant 3$ mm，则表明该条件下所有物料均下沉并随底流进入重产物；若某条件下 $D_p \geqslant 6$ mm，则表明该条件下所有物料均上浮并随溢流进入轻产物。因此，根据式(4-25)可得 6～3 mm 粉煤全部上浮或下沉的临界风量满足

$$\begin{cases}全部下沉:0.046\,6Q_{主}-7.132\,0\leqslant 3\\全部上浮:0.046\,6Q_{主}-7.1320\geqslant 6\end{cases} \tag{4-27}$$

即临界风量为

$$\begin{cases}全部下沉:Q_{主}\leqslant 217.42\ \mathrm{m^3/h}\\全部上浮:Q_{主}\geqslant 281.80\ \mathrm{m^3/h}\end{cases} \tag{4-28}$$

4.3.2 密度组成对分级效应的影响规律

4.3.2.1 全密度级分选实验

为考察物料密度组成对分级效应的影响，采用粒度组成相同但密度组成不同的 3 组煤样分别在相同条件下进行分选实验，并考察其分选过程中的分级效应。其中，各组煤样中各密度级的粒度组成均相同，各组煤样密度组成见表 4-13，各密度级粒度组成见表 4-14。

表 4-13　不同煤样密度组成

密度级/($\mathrm{g/cm^3}$)	煤样 1		煤样 2		煤样 3	
	产率/%	灰分/%	产率/%	灰分/%	产率/%	灰分/%
<1.3	14.89	10.04	5.32	10.04	31.22	10.04
≥1.3～1.4	24.67	16.24	8.69	16.24	10.55	16.24
≥1.4～1.5	22.03	22.81	35.14	22.81	8.35	22.81
≥1.5～1.6	15.06	40.31	33.25	40.31	8.22	40.31
≥1.6～1.8	11.12	47.70	7.36	47.70	9.68	47.70
≥1.8	12.23	71.27	10.24	71.27	31.98	71.27
合计	100.00	30.62	100.00	34.17	100.00	35.20

表 4-14　各密度级粒度组成

密度级/($\mathrm{g/cm^3}$)		<1.3	≥1.3～1.4	≥1.4～1.5	≥1.5～1.6	≥1.6～1.8	≥1.8
粒度组成/%	3～4 mm	31.05	30.36	30.66	30.55	30.58	31.21
	4～5 mm	39.22	40.67	38.95	41.02	40.65	40.36
	5～6 mm	29.73	28.97	30.39	28.43	28.77	28.43
合计	3～6 mm	100.00	100.00	100.00	100.00	100.00	100.00

实验条件为：主风量为恒定流 250 $\mathrm{m^3/h}$，脉冲风量为 10 $\mathrm{m^3/h}$，周期为 2 s，脉冲阀门开闭时间比为 1∶1，分选机结构中变径段最大直径为 120 mm。该实验条件下的实验粒度分配曲线如图 4-8 所示。

由图 4-8 可知，被分选物料各密度级含量不同时，其粒度分配曲线也不相同，即物料密度组成显著影响分级效应。总体上，中间密度级含量越多、低密度级含量越少，粒度分配曲线中分配率越大，分级粒度越低。各实验的分级粒度见表 4-15。

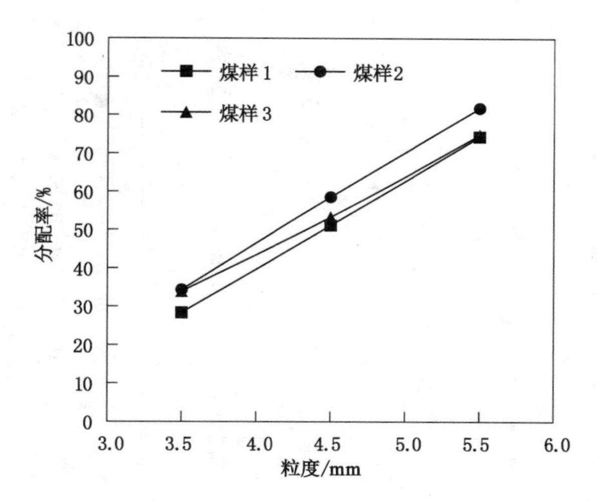

图 4-8 不同密度组成煤样分级效应

表 4-15 不同密度组成煤样分级粒度

煤样	煤样 1	煤样 2	煤样 3
分级粒度/mm	4.45	4.14	4.34

4.3.2.2 分密度级分选实验

为进一步研究密度组成对分级效应的影响,采用分密度级实验的方式考察各密度级的分级效应。分别采用<1.3 g/cm³、≥1.3~1.4 g/cm³、≥1.4~1.5 g/cm³、≥1.5~1.6 g/cm³、≥1.6~1.8 g/cm³、≥1.8 g/cm³ 六个密度级的煤样进行分选实验,各密度级粒度组成仍按照表 4-14 所示含量进行配置。

实验条件为:主风量为恒定流 250 m³/h,脉冲风量为 10 m³/h,周期为 2 s,脉冲阀门开闭时间比为 1∶1,分选机结构中变径段最大直径为 120 mm。该实验条件下不同密度级煤样的粒度分配曲线如图 4-9 所示。

显然,煤样密度越高,各粒度级分配率越高。若实验条件相同,则各粒级分配率应等于<1.3 g/cm³、≥1.3~1.4 g/cm³、≥1.4~1.5 g/cm³、≥1.5~1.6 g/cm³、≥1.6~1.8 g/cm³、≥1.8 g/cm³ 六个密度级相应粒级分配率的加权之和,即

$$\lambda_1 a_n + \lambda_2 b_n + \lambda_3 c_n + \lambda_4 d_n + \lambda_5 e_n + \lambda_6 f_n = \varepsilon \tag{4-29}$$

式中,λ_1、λ_2、λ_3、λ_4、λ_5、λ_6 分别为 6~3 mm 粒级粉煤中<1.3 g/cm³、≥1.3~1.4 g/cm³、≥1.4~1.5 g/cm³、≥1.5~1.6 g/cm³、≥1.6~1.8 g/cm³、≥1.8 g/cm³ 各密度级的百分含量;a_n、b_n、c_n、d_n、e_n、f_n 分别为各密度级中第 n 个粒级的分配率。

对于图 4-9 中分选结果,共 3 个粒级,若将各密度级分配率分别以向量表示,则为

$$\boldsymbol{a} = \begin{bmatrix} a_1 \\ a_2 \\ a_3 \end{bmatrix}, \boldsymbol{b} = \begin{bmatrix} b_1 \\ b_2 \\ b_3 \end{bmatrix}, \boldsymbol{c} = \begin{bmatrix} c_1 \\ c_2 \\ c_3 \end{bmatrix}, \boldsymbol{d} = \begin{bmatrix} d_1 \\ d_2 \\ d_3 \end{bmatrix}, \boldsymbol{e} = \begin{bmatrix} e_1 \\ e_2 \\ e_3 \end{bmatrix}, \boldsymbol{f} = \begin{bmatrix} f_1 \\ f_2 \\ f_3 \end{bmatrix} \tag{4-30}$$

式中,$\boldsymbol{a}$、$\boldsymbol{b}$、$\boldsymbol{c}$、$\boldsymbol{d}$、$\boldsymbol{e}$、$\boldsymbol{f}$ 即为各密度级煤样中各粒级分配率组成的矩阵向量。

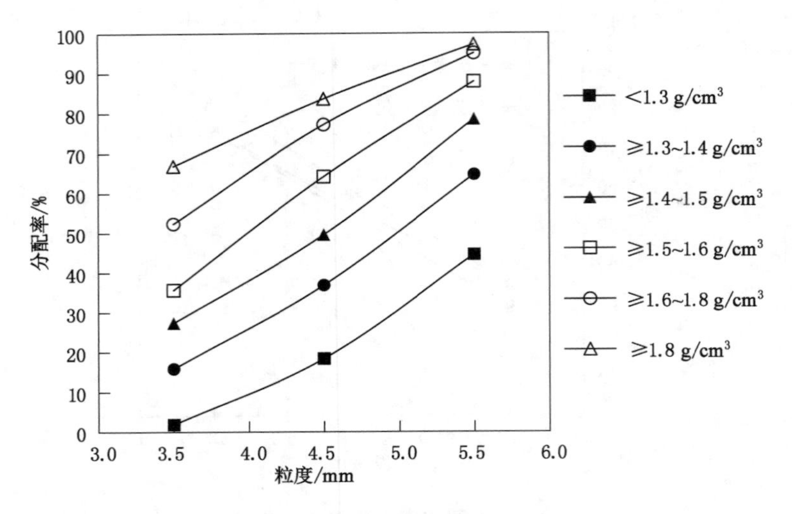

图 4-9　不同密度级煤样分级效应

矩阵线性加权之和即为

$$\lambda_1 \boldsymbol{a} + \lambda_2 \boldsymbol{b} + \lambda_3 \boldsymbol{c} + \lambda_4 \boldsymbol{d} + \lambda_5 \boldsymbol{e} + \lambda_6 \boldsymbol{f} = \varepsilon \tag{4-31}$$

以图 4-3 中煤样 1 分选结果为例进行分析，其中，$\lambda_1=14.89\%$、$\lambda_2=24.67\%$、$\lambda_3=22.03\%$、$\lambda_4=15.06\%$、$\lambda_5=11.12\%$、$\lambda_6=12.23\%$，代入式(4-31)可得煤样 1 各粒级计算分配率，见表 4-16。将理论计算分配率与实验值进行比较，结果见图 4-10。

表 4-16　煤样 1 各粒级计算分配率

粒级/mm	3～4	4～5	5～6
分配率/%	30.05	52.64	78.09

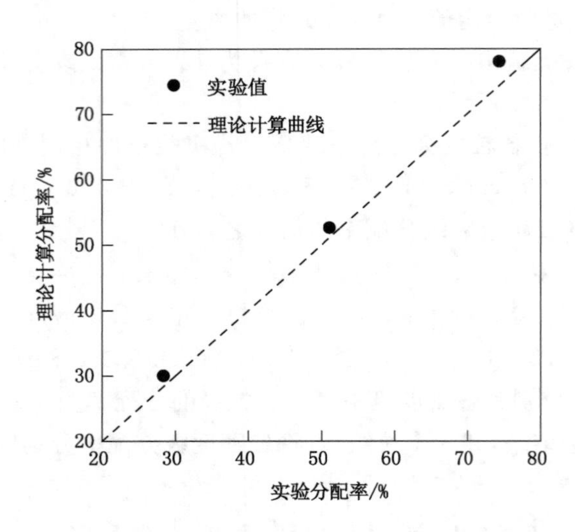

图 4-10　分配率计算值与实验值对比

由图 4-10 可知，分配率理论计算值与实验值极为接近，表明式(4-31)基本符合预期。均方根误差为

$$S=\sqrt{\frac{1}{3}\sum\left(\frac{\varepsilon_{计算}-\varepsilon_{实验}}{\varepsilon_{实验}}\right)^2}=0.048\ 1 \tag{4-32}$$

4.3.3 粒度组成对分级效应的影响规律

为考察物料粒度组成对分级效应的影响，采用密度组成相同但粒度组成不同的 3 组煤样分别在相同条件下进行分选实验。其中，各组煤样中各粒级的密度组成均相同，煤样粒度组成见表 4-17，密度组成见表 4-18。

表 4-17 不同煤样粒度组成

粒度/mm	含量/%		
	煤样 1	煤样 2	煤样 3
3～4	18.65	30.35	42.33
4～5	29.67	41.06	38.19
5～6	51.68	28.59	19.48
合计	100.00	100.00	100.00

表 4-18 各粒度级密度组成

密度级/(g/cm³)	<1.3	≥1.3～1.4	≥1.4～1.5	≥1.5～1.6	≥1.6～1.8	≥1.8	合计
产率/%	8.97	25.69	30.77	15.74	11.38	7.45	100.00

实验条件为：主风量为恒定流 250 m^3/h，脉冲风量为 10 m^3/h，周期为 2 s，脉冲阀门开闭时间比为1∶1，分选机结构中变径段最大直径为 120 mm。该实验条件下的粒度分配曲线如图 4-11 所示。

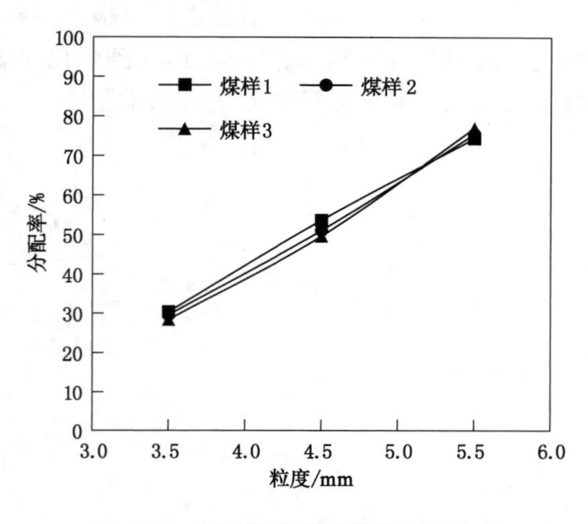

图 4-11 不同粒度组成煤样分级效应

根据图 4-11 可知，当分选实验条件相同时，不同粒度组成煤样粒度分配曲线基本重合，三种分选结果的各粒级分配率基本相同，即煤样的粒度组成对粉煤气流分级效应基本没有影响。

4.4 分选效果和分级效应综合对比

与分选效果评价方法类似，本书采用分级可能偏差对分级效果进行评价。分级可能偏差[137]与分选可能偏差的定义类似，即分配率为 25%和 75%对应的粒度之差的一半。

$$E_f = \frac{D_{75} - D_{25}}{2} \tag{4-33}$$

式中，E_f 为分级可能偏差；D_{75} 和 D_{25} 分别为底流（或溢流）中分配率为 75%和 25%时对应的粒度值。

根据图 4-6 中不同主风量条件下的分级作用效果图，可得该条件下的分级粒度和分级可能偏差，并与该分选过程的分选密度和分选可能偏差做比较，见表 4-19。

表 4-19 不同条件下分选密度和分级粒度

风量/(m^3/h)		230	240	250	260	270
分选效果	分选密度/(g/cm^3)	1.29	1.36	1.45	1.55	1.71
	可能偏差/(g/cm^3)	0.160	0.195	0.195	0.385	0.455
分级效应	分级粒度/mm	3.46	3.96	4.95	4.90	5.32
	可能偏差/mm	1.240	1.090	1.050	1.020	0.980

由表 4-19 可知，随着主风量增大，分选密度逐渐升高，分级粒度也逐渐增大，即分选密度、分级粒度均与主风量呈正相关；随着主风量增大，分选可能偏差逐渐增大，而分级可能偏差逐渐减小，即分选可能偏差与主风量呈正相关，而分级可能偏差与主风量呈负相关。

基于以上研究结果，本书所研究变径脉动气流分选机可根据实际需求，对分选机结构和操作参数做适当调整，实现分选机与分级机的相互转变，达到强化粉煤分选效果或分级效应的目的，从而有效解决现阶段选煤领域粉煤筛分效率低的难题。

5 粉煤变径脉动气流分选过程数值模拟

5.1 数学模型

前人已经针对变径脉动气流分选机流场特性进行了大量研究工作，但并未进行气固两相耦合的分选过程数值模拟。因此，本章针对粉煤变径脉动气流分选进行气固分离过程的数值模拟研究。由于不同给料速度下，分选机分选效果具有一定差异，颗粒相浓度对分选效果具有显著影响，寻求适合不同处理量条件下的分选过程计算模型显得尤为重要。

粉煤气流分选过程中，分选机内部为典型的气固两相流体系，其数值模拟方法可借鉴气固两相流的相关数学模型。目前，常规气固两相流模拟采用的数学模型主要基于以下两种方法：Euler-Euler 方法和 Euler-Lagrange 方法。表 5-1 所列为采用这两类方法的典型数学模型特点及适用条件。

表 5-1 各模型特点及适用条件

模型	特点	适用条件	模型方法
VOF 模型	用体积率函数表示流体自由面位置以及流体所占体积	两相存在明显分界面，例如分层流动等	Euler-Euler 方法
Mixture 模型	考虑界面传递特性及两相间扩散和脉动作用，求解混合物动量方程，以相对速度描述离散相	各相速度不同或有强烈耦合的各相同性多相流，例如沉降等	
Euler 模型	最复杂的多相流模型，颗粒与气体（或液体）看作两种流体且存在同一空间并相互渗透	相间曳力明确，分散相集中在区域某一部分，例如流化床等	
DPM 模型	颗粒间无相互作用，颗粒相体积对连续相的影响忽略不计，颗粒相采用 Lagrange 方法描述	离散相的体积分数低于 10%，例如旋风分离等	Euler-Lagrange 方法
DDPM 模型	颗粒间无相互作用，考虑颗粒相体积对流场的影响	密相多相流模拟，例如流化床、搅拌混料机等	

分析表 5-1 不难发现，以上几种模型，均没有考虑颗粒间的相互碰撞作用，若采用上述 5 类模型进行较高浓度体系下的分选过程模拟，势必忽略颗粒间的相互作用，造成模拟精度降低。为此，本书考虑固相颗粒的体积效应与颗粒间碰撞作用，同时采用 DDPM (dense discrete phase model) 模型和 DEM(discrete element method) 模型，对 6～3 mm 粉煤气流分选过程进行数值模拟，以期建立一套相对完善可靠的粉煤气流分选过程数值模拟方法。

5.1.1 考虑颗粒体积效应的DDPM模型

DDPM模型中气相流场的计算过程遵循连续介质假设，考虑相间质量和动量传递，其运动规律受Navier-Stokes(N-S)方程控制，且由于气相与固相间不存在质量传递，因此其质量守恒方程的源相 $S_{源}=0$。DDPM模型中颗粒相体积效应的描述方法与TFM模型(two flow model)[138]类似，均通过引入相体积分数来表示，即气相控制方程为

$$\frac{\partial}{\partial t}(\alpha_g\rho_g)+\nabla\cdot(\alpha_g\rho_g v_g)=0 \tag{5-1}$$

$$\frac{\partial}{\partial t}(\alpha_g\rho_g v_g)+\nabla\cdot(\alpha_g\rho_g v_g v_g)=-\alpha_g\nabla p+\nabla\cdot\tau_g+\alpha_g\rho_g g+K_{sg}(v_s-v_g) \tag{5-2}$$

$$\tau_g=\alpha_g\mu_g(\nabla v_g+\nabla v_g^{\mathrm{T}})-\alpha_g\frac{2}{3}\mu_g\nabla\cdot v_g\delta_{ij} \tag{5-3}$$

式中 α_g——气固两相流中气相所占体积分数，%；

ρ_g——气体密度，kg/m^3；

t——时间，s；

v_g——气流速度，m/s；

p——静压，Pa；

μ_g——气体动力黏度，Pa·s；

v_s——颗粒相速度，m/s；

g——重力加速度，m/s^2；

τ——黏性应力张量；

δ_{ij}——克罗内克函数；

K_{sg}——气相与颗粒相的相间动量交换系数，$K_{sg}=K_{gs}$。

离散相颗粒的运动轨迹通过在离散的时间步长上积分Lagrange坐标系下的颗粒运动微分方程得到，其动力学方程的积分过程中引入颗粒间碰撞力和相间作用力；同时，考虑到气流脉动引起的强烈湍流扩散，引入湍流随机脉动速度，用以体现湍流作用对颗粒运动轨迹造成的影响。忽略浮力和压力梯度力等其他较小的力，颗粒运动动力学方程见式(5-4)：

$$\begin{cases}\dfrac{\mathrm{d}x_p}{\mathrm{d}t}=v_p\\[2ex]\dfrac{\mathrm{d}v_p}{\mathrm{d}t}=\dfrac{1}{\zeta}(v_g+v'-v_p)+g+\dfrac{\rho}{2\rho_p}\dfrac{\mathrm{d}}{\mathrm{d}t}(v_g+v'-v_p)+F_{inter}+F_{col}\end{cases} \tag{5-4}$$

式中 v_p——颗粒速度，m/s；

ρ_p——颗粒密度，kg/m^3；

d_p——颗粒直径，m；

ζ——颗粒松弛时间，s，$\zeta=\dfrac{\rho_p d_p^2}{18\mu_g}\dfrac{24}{C_D Re_p}$，其中，$Re_p$ 为颗粒雷诺数，$Re_p=\dfrac{\rho_g d_p|v_g-v_p|}{\mu_g}$。

式(5-4)中的各项表示某颗粒受到的各类力除以该颗粒的质量，因此也可以看作对颗粒加速度的贡献。将粒群作用产生的粒间力划分成两部分 F_{inter} 和 F_{col}，其中，F_{inter} 为周围颗粒相的存在导致流场变化等造成的额外加速度；F_{col} 由颗粒接触碰撞产生，其计算方法见

5.1.2 部分介绍的 DEM 模型；v' 为湍流随机脉动速度，m/s，具体计算方法见 5.1.3 部分。

F_{inter}采用 J. M. Ding 等[139]提出的颗粒流动力学理论（kinetic theories for granular flow）进行求解：

$$F_{inter} = -\frac{1}{\rho_p} \nabla \cdot \tau_s \tag{5-5}$$

式中 τ_s——固相黏性应力张量。

$$\tau_s = \alpha_s \mu_s (\nabla v_s + \nabla v_s^T) - \alpha_s \frac{2}{3} \mu_s \nabla \cdot v_s \delta_{ij} \tag{5-6}$$

式中 α_s——固相体积分数，$\alpha_s = 1 - \alpha_g$。

μ_s——固相动力黏度，Pa·s。

以上即为标准 DPM 模型的改进，称为 DDPM 模型，其本质仍是基于 Euler-Lagrange 方法的数值模拟方法。

5.1.2 考虑颗粒间碰撞作用的 DEM 模型

关于颗粒间的碰撞作用，本节采用 DEM 模型[140]进行描述。DEM 模型中，离散相颗粒与颗粒之间、颗粒与壁面之间的碰撞作用采用硬球模型[141]或软球模型[142]进行描述。软球模型适应性广，且可以处理多颗粒之间的接触作用，因此多采用软球模型求解颗粒间碰撞问题。软球模型中，颗粒碰撞后产生微小形变，并依据变形量计算颗粒间的弹性、塑性和摩擦作用。图 5-1 为软球模型颗粒碰撞受力示意图。

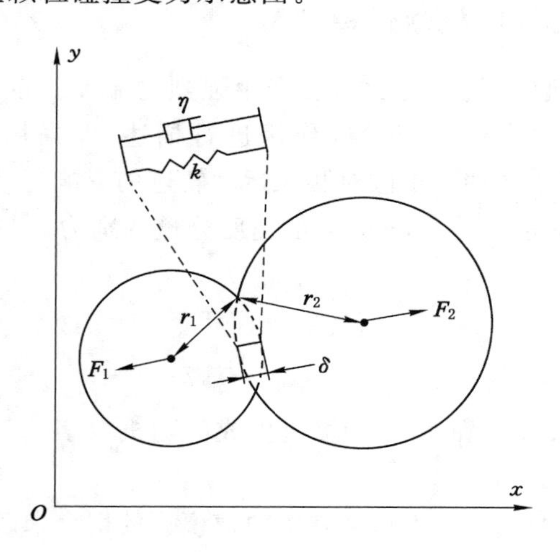

图 5-1 软球模型颗粒碰撞受力示意图

软球模型中，当两颗粒接触碰撞后，假设其受力分为两种：一是沿碰撞方向的正向应力 F_{normal}，二是与碰撞方向垂直的切向应力$F_{friction}$。如图 5-1 所示，图中半径为 r_1 的颗粒 P_1 和半径为 r_2 的颗粒 P_2 的质量、坐标、速度分别为 m_1、x_1、v_1 和 m_2、x_2、v_2，重叠区域厚度为 δ，k 为弹性系数，η 为阻尼系数。η 可由式(5-7)计算。

$$\eta = -2\ln\chi\frac{\sqrt{m_{12}k}}{\sqrt{\pi^2+(\ln\chi)^2}} \tag{5-7}$$

式中，$m_{12}=\left(\frac{1}{m_1}+\frac{1}{m_2}\right)^{-1}$；$\chi$ 为恢复系数，且 $0<\chi<1$。

定义单位向量$\boldsymbol{e}_{12}$为

$$\boldsymbol{e}_{12} = \frac{x_2 - x_1}{\| x_2 - x_1 \|} \tag{5-8}$$

则重叠部分厚度 δ 为

$$\delta = (r_1 + r_2) - \| x_2 - x_1 \| \tag{5-9}$$

颗粒 P_1 所受正向应力可表示为

$$F_{\text{normal}} = \begin{cases} [k\delta + \eta(v_2 - v_1) \cdot \boldsymbol{e}_{12}]\boldsymbol{e}_{12}, d_{12} < (r_1 + r_2) \\ 0, d_{12} \geqslant (r_1 + r_2) \end{cases} \tag{5-10}$$

式中，d_{12}为两颗粒圆心之间的距离，m。

颗粒 P_2 所受正向应力与颗粒 P_1 所受正向应力方向相反。

两颗粒接触碰撞后，其切向应力为

$$F_{\text{friction}} = \mu F_{\text{normal}} \tag{5-11}$$

式中，μ 为摩擦系数，其值与颗粒切向相对速度有关。

特别强调，当颗粒与壁面碰撞时，认为壁面为质量无限大、半径为 0 的颗粒，其碰撞作用力计算方法与式(5-12)相同。

5.1.3 考虑湍流效应的随机轨道模型

变径脉动气流分选机中，气流的脉动会产生强烈的湍流扩散，从而对颗粒运动产生影响。本节采用随机概率方法对湍流扩散作用进行描述，即采用随机轨道模型（discrete random walk model）[143]描述湍流扩散对颗粒运动轨迹的影响。

假设湍流随机脉动速度 v'在 x，y 方向的速度分量分别为 v'_x 和 v'_y，则采用 k-ε 模型时满足式(5-12)。

$$\begin{cases} v'_x = \theta_1\sqrt{2k/3} \\ v'_y = \theta_2\sqrt{2k/3} \end{cases} \tag{5-12}$$

式中，k 为湍流动能，m^2/s^2；θ_1 和 θ_2 为计算机生成的随机数字，$-1\leqslant\theta_1\leqslant1$，$-1\leqslant\theta_2\leqslant1$，且 θ_1 和 θ_2 服从高斯分布。

通过以上 DDPM 模型、DEM 模型和随机轨道模型的耦合求解，即可对特定条件下的粉煤气流分选效果进行预测与评价。

5.2 计算模型离散化

变径脉动气流分选机为柱型立式分选机，其结构经适当简化后的尺寸示意图见图 5-2（注：图中将分选机逆时针旋转了 90°）。图 5-2 中，给料口长度为 L，重产物由分选柱底部排出，轻产物由分选柱顶部排出，给料口倾斜 45°方向向下。各结构参数见表 5-2。

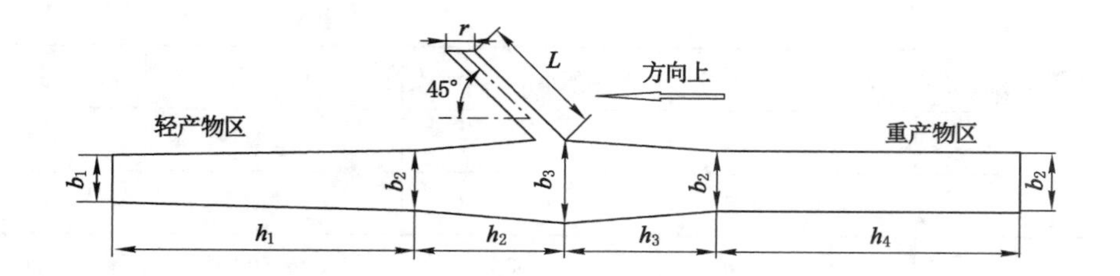

图 5-2 分选机结构尺寸示意图

表 5-2 分选机结构参数

结构参数	h_1	h_2	h_3	h_4	b_1	b_2	b_3	L	r
尺寸/mm	500	250	250	500	80	100	120	200	50

通过网格绘制软件 ICEM 对图 5-2 所示分选机模型进行离散化处理，采用四边形划分方法进行网格划分，网格边长为 1 mm，网格总数为 82 114 个。数值算法采用 Green-Gauss node based(节点性方案)，模拟时间步长为 10^{-4} s，颗粒相时间步长为 10^{-5} s，模拟时间为 22 s。其中，前 12 s 为流场初始化阶段，后 10 s 为加入颗粒后的实际分选时间。气相流场模拟采用标准 k-ε 湍流模型，控制方程残差绝对值设为 10^{-5}。离散颗粒运动轨迹的积分采用隐式的梯形积分方法计算，为降低计算量、提高计算效率，设定连续相每迭代 100 步，颗粒相更新一次位置信息。

分选柱底部为均匀入流边界，顶部为压力出口边界，其余均为壁面边界。颗粒信息捕集边界条件为：底部和顶部为逃逸边界，其余为反弹边界。颗粒一旦经过逃逸边界，其轨迹计算便自行终止。通过采集分选柱顶部和底部逃逸颗粒的速度、密度、粒度等信息，便可对其分选效果进行评价。

为说明 DDPM+DEM 模型模拟结果的可靠性，本节分别采用 DPM 模型和 DDPM+DEM 模型进行粉煤气流分选过程模拟，并对流场模拟结果和分选效果进行了对比分析。

5.3 数值模拟物性参数及条件

5.3.1 物性参数

煤样粒度和密度是影响粉煤气流分选效果的主要物性参数。分选实验中，被分选样品为 6～3 mm 粉煤，其密度组成见表 5-3。模拟过程中，为便于统计轻、重产物逃逸信息，入射颗粒流密度为表 5-3 中各密度级平均密度，即同时入射 7 组不同密度的颗粒流。单位时间给入分选柱的颗粒流不同密度含量配比按照表 5-3 所示比例进行设定。

表 5-3 分选煤样密度组成

颗粒流	密度级/(g/cm³)	平均密度/(g/cm³)	产率%	灰分%
0	<1.3	1.20	43.19	1.65

表 5-3(续)

颗粒流	密度级/(g/cm³)	平均密度/(g/cm³)	产率%	灰分%
1	≥1.3～1.4	1.35	24.31	4.00
2	≥1.4～1.5	1.45	13.51	16.13
3	≥1.5～1.6	1.55	6.40	20.71
4	≥1.6～1.8	1.70	4.11	27.26
5	≥1.8～2.0	1.90	2.16	37.37
6	≥2.0	2.20	6.32	84.64
合计			100.00	12.47

假定各密度级粒度组成符合 Rosin-Rammler 分布[144]，即满足表达式

$$Y_d = e^{-\left(\frac{d}{d_m}\right)^n} \tag{5-13}$$

式中 Y_d——筛上累计产率，以小数计；

d——颗粒粒度，mm；

d_m——粒群平均粒径，mm；

n——模型参数，无量纲。

令 $d=d_m$，即 $Y_d=e^{-1}$，即可根据各密度级筛分累计曲线得到 d_m 值，从而可知不同粒度 d 对应参数 n_i。

$$n_i = \frac{\ln(-\ln Y_d)}{\ln(d/d_m)} \tag{5-14}$$

n_i 的平均值即为模型参数，$n=\dfrac{\sum n_i}{i}$，其中，i 为 n_i 值个数。通过各密度级实验，可得模拟物料粒度组成，见表 5-4。

表 5-4 不同密度级 Rosin-Rammler 分布模型参数

平均密度/(g/cm³)	1.20	1.35	1.45	1.55	1.70	1.90	2.20
平均粒径/mm	4.82	4.77	4.61	4.62	4.47	4.34	4.18
参数 n	7.11	7.08	7.13	6.99	7.22	7.08	7.41

5.3.2 模拟条件

由第 2 章内容可知，脉动气流分选过程中，由于电磁阀控制流量存在一定的滞后性，实际模拟时可对脉动流波形进行简化，近似认为入口处周期脉动气流的速度 v 符合正弦波的形式：

$$v = \bar{v} + v_0 \sin(2\pi f t)$$

式中 v——入口气速,m/s;

$\bar{v}$——入口气速均值,m/s;

v_0——脉冲气速幅值,m/s;

f——气流脉动频率,Hz。

实验和模拟条件为:主风量为恒定流 235 m^3/h、250 m^3/h、260 m^3/h 和 270 m^3/h,脉冲风量为 10 m^3/h,周期为 2 s,脉动阀门开闭时间比为 1∶1。物料由给料口倾斜向下给入。处理量为 0.018～0.076 kg/s。

5.4 基于数值模拟结果的脉动流场特性及分选效果预测

5.4.1 脉动流场速度分布特性

在恒定流为 260 m^3/h、处理量 $M=0.076$ kg/s 条件下,$t=12$ s 时加入颗粒,分别采用 DPM 模型和 DDPM 模型模拟得到加入颗粒前后分选机入料口附近速度分布云图,见图 5-3。

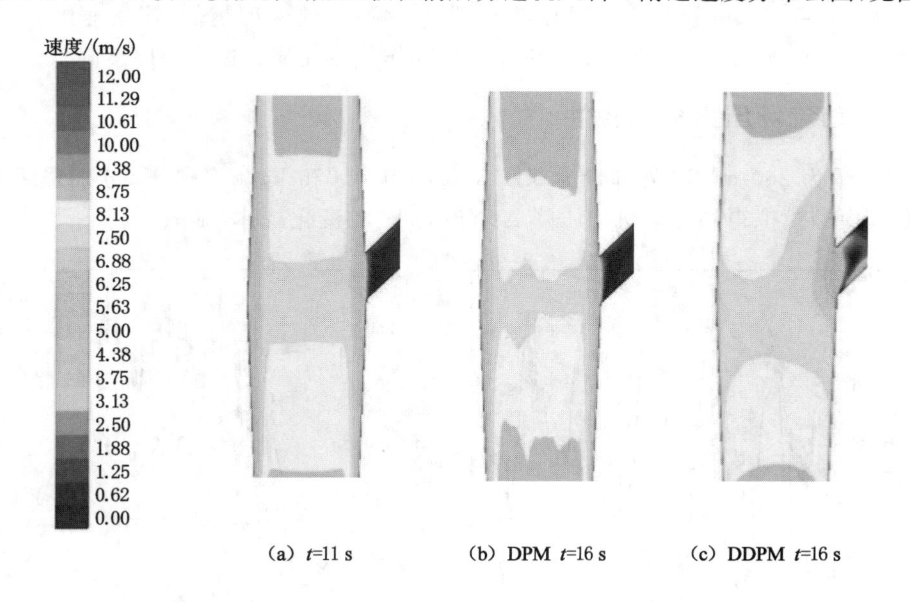

图 5-3 加入颗粒前后分选机局部速度分布云图

由图 5-3 可知,采用 DPM 模型模拟分选过程时,加入颗粒前后,分选柱入料口附近速度场分布变化较小,即标准 DPM 模型无法准确表征颗粒相对流场的影响。而采用 DDPM 模型模拟时,加入颗粒后,速度场分布变化明显,入料口附近速度梯度较大,离散颗粒对流场的扰动作用体现得相对准确。

为定量分析颗粒相对流场的影响,分别测取图 5-3 中三种情况下的入料口下部横截面(高于分选机底部 $h=0.75$ m)处的速度,可得气流速度沿水平方向的变化规律,见图 5-4。

由图 5-4 可知,采用 DPM 模型模拟分选过程时,加入颗粒前后,$h=0.75$ m 横截面处流场速度分布较为对称,颗粒相对流场扰动作用较小。而采用 DDPM 模型模拟分选过程时,

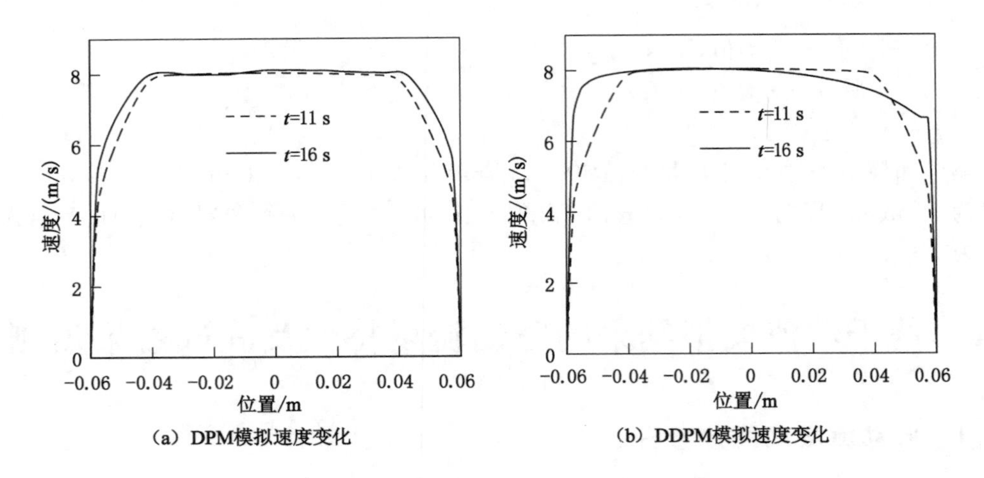

图 5-4 $h=0.75$ m 横截面处速度变化规律

加入颗粒后，$h=0.75$ m 横截面处越靠近入料口位置，气流速度越低，流场速度分布受颗粒影响表现为非对称性；同时，颗粒相对流场的扰动作用致使流场边界层厚度降低。

5.4.2 脉动流场压力损失特性

在主风量为 260 m^3/h、处理量为 0.018 kg/s 和 0.076 kg/s 条件下，分别采用 DPM 模型、DDPM 模型模拟得到分选机内压降 Δp 随时间 t 的变化规律，见图 5-5。

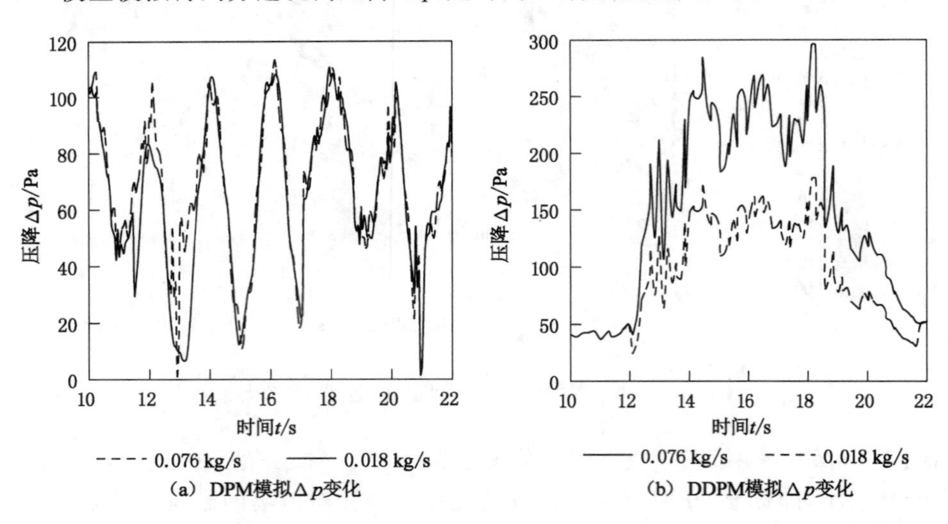

图 5-5 分选机内压降 Δp 随时间 t 变化的规律

图 5-5 结果表明，无论采用 DPM 模型还是 DDPM 模型，模拟得到的各时刻瞬时压降值差别都较大，其主要原因为气流的脉动导致分选柱内流场的湍动情况复杂，压降值波动较大。

图 5-5(a)中，不同处理量下的压降变化规律基本一致，即采用 DPM 模型模拟得到的压

降主要为分选柱沿程压力损失；而图 5-5(b)中采用 DDPM 模拟分选过程时，分选机处理量由 0.018 kg/s 提高为 0.076 kg/s 时，压降显著增加，此时的压降除了沿程压力损失外，还包括离散颗粒相加入导致风阻增大而造成的压力损失。

综上可知，采用 DPM 模型和 DDPM 模型模拟粉煤脉动气流分选过程时，模拟结果差异较大；与 DPM 模型相比，采用 DDPM 模型模拟时可得到颗粒相对气流场的扰动作用，流场分布模拟结果更合理。

实际分选过程中，分选机处理量增加，还会造成分选机底部气流入口压力相应增大，即供风设备出口压力增大。由于气流分选常用的供风设备为大风量、低风压的罗茨鼓风机，其产生的气体流量对出口压力变化较为敏感，为保证分选精度，需提前反复进行不同处理量下的分选实验，以对分选过程中的实际风量进行标定。本书中，分选实验所用风量较数值模拟中分选机底部入口风量高约 2%，其风量值对应如表 5-5 所示。以下所述风量均为实验风量，模拟风量按表 5-5 做相应换算。

表 5-5　实验与模拟过程中风量值对应

实验风量/(m^3/h)	235.0	250.0	260.0	270.0
模拟风量/(m^3/h)	230.3	245.0	254.8	264.6

5.4.3　脉动气流分选效果预测

分别采用 DPM 模型和 DDPM 模型对 6～3 mm 粉煤分选过程进行模拟，可得出不同条件下的模拟结果分配曲线。在处理量 M 为 0.018 kg/s、0.076 kg/s，主风量为 235 m^3/h、250 m^3/h、260 m^3/h 和 270 m^3/h 条件下，实验点与模拟分配曲线对比如图 5-6 所示。

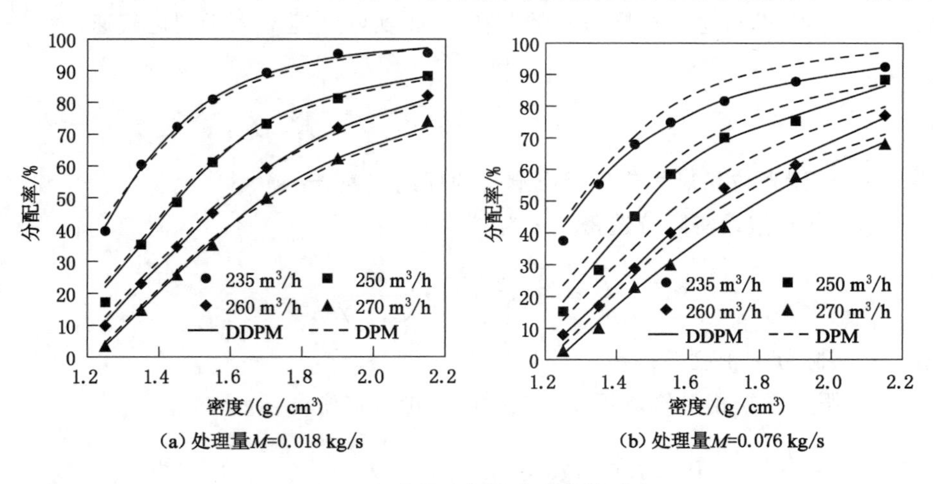

(a) 处理量M=0.018 kg/s　　(b) 处理量M=0.076 kg/s

图 5-6　实验点及模拟分配曲线对比

由图 5-6(a)可知，分选机处理量较低(M=0.018 kg/s)时，DPM 模型和 DDPM 模型的模拟结果与实验点均吻合较好，各密度级重产物分配率均方根误差分别为 2.93%和 2.35%，两模型模拟分配曲线基本可准确描述各密度级实际分配率。而由图 5-6(b)可以看出，当分

选机处理量 M 增大为 0.076 kg/s 时,DPM 模型模拟得到的各密度级重产物分配率总体偏大,分配率均方根误差增大为 8.15%;而 DDPM 模型模拟得到的分配曲线仍然较好地与实际分选结果吻合,且分配率均方根误差为 2.83%。

通过以上实验及数值模拟结果可知,6～3 mm 粉煤脉动气流分选过程与传统重介质分选不同,其分选效果受风量、处理量等影响较大,即在一定的分选条件下,分选密度的大小与分选机风量和处理量密切相关。总体来看,DPM 模型仅适用于低处理量条件下的分选过程模拟,而 DDPM 模型不仅可对不同风量条件下的分选结果进行准确描述,且适用于不同处理量条件下的分选过程模拟。

5.5 基于数值模拟方法的分选密度数学模型

通过以上实验及数值模拟结果可知,粉煤气流分选过程与传统重介质分选不同,在一定的分选条件下,6～3 mm 粉煤脉动气流分选的分选密度 ρ 的大小与分选机风量 Q 和处理量 M 密切相关。在此,可推测,分选密度 ρ 近似为 Q 和 M 的函数,即 $\rho=f(Q,M)$。

对于本节所用气流分选机结构,若时均风量 Q 一定,则时均气速 $\bar{v}$ 可表示为

$$\bar{v}=\frac{Q}{A(1-\gamma_s)} \tag{5-15}$$

式中 $\bar{v}$——气流时均速度,m/s;

Q——时均风量,m^3/s;

A——分选柱横截面积,m^2;

γ_s——分选机内颗粒相体积分数。

由式(5-15)可知,分选机内颗粒相的存在,使得实际气速 $\bar{v}$ 大于理论气速 $\bar{v}_0=\dfrac{Q}{A}$,且

$$\frac{\bar{v}}{\bar{v}_0}=\frac{1}{1-\gamma_s} \tag{5-16}$$

式中 $\bar{v}_0$——假设颗粒相对气流场无影响时的理论气速,m/s。

基于式(5-16),假设实际分选密度 ρ 为

$$\frac{\rho}{\rho_0}\approx f\left(\frac{\bar{v}}{\bar{v}_0}\right)=f\left(\frac{1}{1-\gamma_s}\right) \tag{5-17}$$

式中 ρ——实际分选密度,kg/m^3;

ρ_0——假设颗粒相对气流场无影响时的理论分选密度,kg/m^3。

由于 $\gamma_s=\dfrac{M/\bar{\rho}_p}{M/\bar{\rho}_p+Q}$,代入式(5-17)可得

$$\frac{\rho}{\rho_0}\approx f\left(\frac{1}{1-\gamma_s}\right)=f\left(1+\frac{1}{\bar{\rho}_p}\frac{M}{Q}\right) \tag{5-18}$$

式中 $\bar{\rho}_p$——被分选粒群平均密度,kg/m^3;

M——分选机单位时间处理量,kg/s。

令 $\alpha=\frac{1}{\rho_p}$ 为比容，$\beta=\frac{M}{Q}$ 为单位体积气体中颗粒的质量承载率，则

$$\frac{\rho}{\rho_0}=f(1+\alpha\beta) \tag{5-19}$$

实际分选过程中，由于颗粒群在分选机局部的累积效应，其内部颗粒质量承载率远大于理论承载率 β，因此，式(5-19)需采用表征颗粒累积效应的累积系数 θ 进行修正，即

$$\frac{\rho}{\rho_0}=f(1+\theta\alpha\beta) \tag{5-20}$$

式中 θ——分选机内部颗粒累积系数。

此外，颗粒相对气流场无影响时的理论分选密度 ρ_0 主要由风量 Q 和粒群平均密度 $\bar{\rho}_p$ 决定，即

$$\frac{\rho_0}{\bar{\rho}_p}=g\left(\frac{Q}{Q_0}\right) \tag{5-21}$$

式中 Q_0——所有被分选颗粒都刚好下落时对应的风量，m^3/s。

综上可知，分选密度 ρ 随着 Q 和 M 变化的数学模型可近似表示为

$$\rho=f(1+\theta\alpha\beta)g\left(\frac{Q}{Q_0}\right)\bar{\rho}_p \tag{5-22}$$

对于不同的分选机结构、不同分选操作条件，式(5-22)中的 θ、Q_0 等参数可能会有所不同，其函数形式 f 和 g 也有相应的变化，应根据具体分选结果进行修正处理。

为求解函数关系 $\frac{\rho}{\rho_0}=f(1+\theta\alpha\beta)$，需首先求得 ρ_0 值。为此，以极低处理量 $M=0.001$ kg/s 时的分选密度近似代表颗粒流对气流场无影响时的理论分选密度，同时通过多次重复模拟不同风量条件下分配曲线的方法得到所有被分选颗粒都刚好下落时对应的风量 Q_0，如表 5-6 所示。同时，绘制 $\frac{\rho_0}{\bar{\rho}_p}=g\left(\frac{Q}{Q_0}\right)$ 关系图，见图 5-7。其中，$\bar{\rho}_p=1\ 391.5$ kg/m^3。

表 5-6 理论分选密度 ρ_0 和 Q_0

极限风量 Q_0/(m^3/h)	212.4			
风量 Q/(m^3/h)	235	250	260	270
Q/Q_0	1.106	1.177	1.224	1.271
密度 ρ_0/(kg/m^3)	1 240	1 393	1 535	1 660
$\rho_0/\bar{\rho}_p$	0.891	1.001	1.103	1.193

由图 5-7 可得，密度值 ρ_0 与风量 Q 的关系近似为

$$\rho_0=\bar{\rho}_p\left(0.539\ 5\frac{Q}{Q_0}+0.632\right) \tag{5-23}$$

通过分选实验，得到不同条件下的分选密度值，见表 5-7。由表 5-7 可以求解式(5-22)中的模型参数 θ、Q_0 以及未知函数 f 和 g。

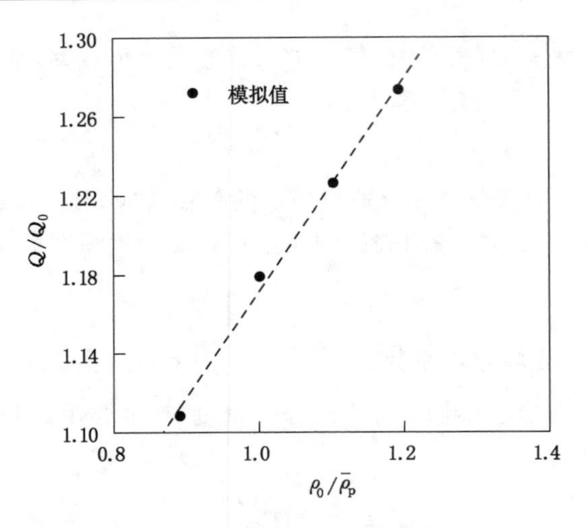

图 5-7　$\rho_0/\bar{\rho}_p$ 与 Q/Q_0 的关系

表 5-7　不同条件下分选密度

风量/(m^3/h)	处理量/(kg/s)	分选密度/(kg/m^3)	风量/(m^3/h)	处理量/(kg/s)	分选密度/(kg/m^3)
235	0.018	1.291	250	0.018	1.448
	0.031	1.302		0.031	1.460
	0.056	1.313		0.056	1.471
	0.076	1.325		0.076	1.483
260	0.018	1.597	270	0.018	1.728
	0.031	1.611		0.031	1.739
	0.056	1.622		0.056	1.747
	0.076	1.631		0.076	1.761

在此基础上，结合表 5-7 可求得$\frac{\rho}{\rho_0}$与 $\alpha\beta$ 的对应关系，见图 5-8。

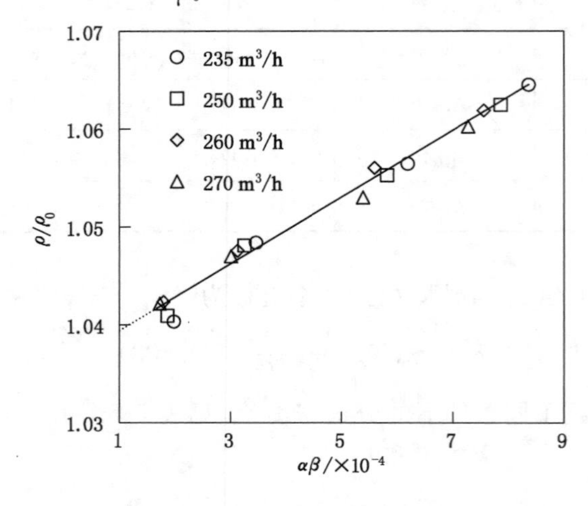

图 5-8　ρ/ρ_0 随 $\alpha\beta$ 变化的规律

根据图 5-8 结果，可认为$\frac{\rho}{\rho_0}$与 $\alpha\beta$ 近似为线性关系。对图 5-8 数据进行线性拟合可得

$$\frac{\rho}{\rho_0} = 1.036 + 34.1\alpha\beta \tag{5-24}$$

对比式(5-24)与式(5-20)发现，通过线性拟合得到的分选密度模型的参数较理论参数稍大，即

$$\left(\frac{\rho}{\rho_0}\right)_{拟合} - \left(\frac{\rho}{\rho_0}\right)_{理论} = 0.036 \tag{5-25}$$

造成此现象的主要原因为，式(5-22)建立在模型推导过程中“实际分选密度主要由分选机内风速决定”的假设之上。实际上，粉煤气流分选过程中，分选密度的影响因素比较复杂，本节仅给出了线性回归得到的简化的经验模型。

因此，本章实验及数值模拟条件范围内，结合式(5-23)和式(5-24)，分选密度 ρ 与分选机风量 Q 及处理量 M 的关系可近似表示为

$$\rho = \left(1.036 + 34.1\frac{1}{\bar{\rho}_p}\frac{M}{Q}\right)\left(0.5395\frac{Q}{Q_0} + 0.632\right)\bar{\rho}_p \tag{5-26}$$

其中，$\bar{\rho}_p = 1\ 391.5\ \text{kg/m}^3$；$Q_0 = 212.5\ \text{m}^3/\text{h} = 0.059\ \text{m}^3/\text{s}$。

6　粉煤变径脉动气流连续分选实验

6.1　连续分选系统

在前期间歇实验取得良好效果的基础上，本章采用新疆某选煤厂原生 6～0 mm 粉煤作为被分选物料，采用实验室粉煤变径脉动气流连续分选实验系统，进行粉煤的连续分选实验。连续分选系统示意图见图 6-1。

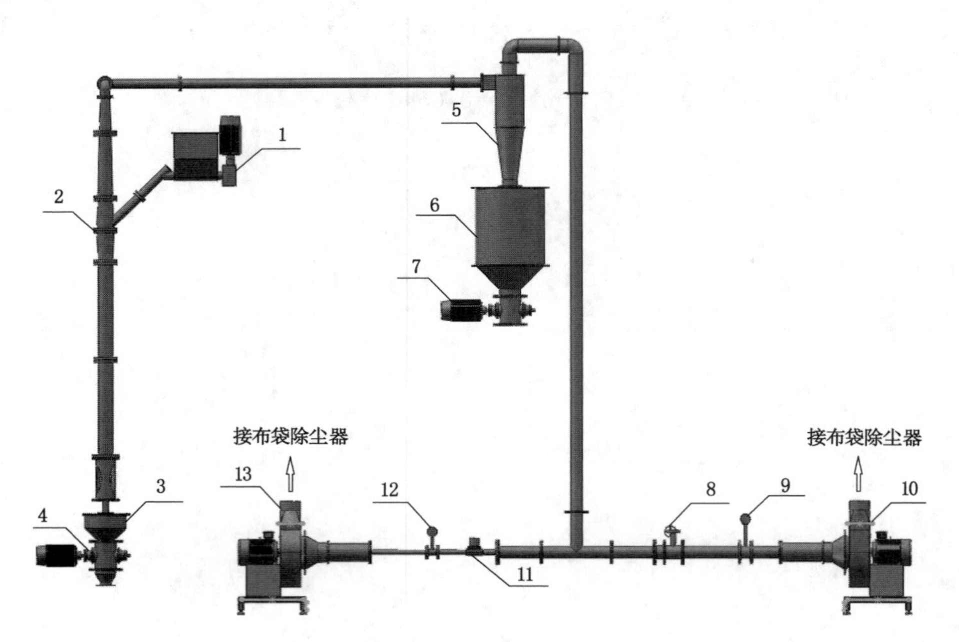

1—给料机；2—分选机；3—矸石缓冲仓；4—矸石卸料阀；5—旋风除尘器；
6—精煤缓冲仓；7—精煤卸料阀；8—恒定风管路阀门；9—恒定风管路流量计；
10—恒定风引风机；11—脉动风管路阀门；12—脉动风管路流量计；13—脉动风引风机。

图 6-1　连续实验系统示意图

该连续分选系统包含供风系统、给料系统、分选系统、排料系统和除尘系统五个子系统，各系统组成及特点如下。

(1) 供风系统：包含风机、管路阀门、管路流量计以及其他附属管道等。其中，恒定风引风机和脉动风引风机两者风量的和即为分选系统总风量。管路中的灰尘通过引风机引入布袋除尘器中进行除尘。

(2) 给料系统：主要为螺旋给料机及其控制装置(变频装置)。变频装置用来调节螺旋给料机转速从而控制给料速度。

(3) 分选系统:从下到上依次为气体分布器、分选柱和给料嘴。通过调节布风板开孔率和分布器中心输送管直径,实现分选机处理量与结构的匹配。

(4) 排料系统:包括精煤缓冲仓、矸石缓冲仓、精煤卸料阀、矸石卸料阀四部分。卸料阀采用星形卸料阀,既保证了整个系统的气密性,又可实现系统的连续稳定运行。

(5) 除尘系统:包括旋风除尘器和布袋除尘器。其中,旋风除尘器位于引风机之前,这样既可以防止大颗粒物料进入管道系统造成设备的较大磨损,同时又起到一定的物料收集作用;布袋除尘器位于引风机之后,负责对整个管路系统中的灰尘杂质进行净化回收。

此外,连续分选系统中给料速度由变频器控制,仅可读取变频器显示频率,无法直接获取单位时间的处理量信息,因此,需要对变频器显示频率与处理量的关系进行简单标定。该系统所用螺旋给料机电机为交流同步电机,其转速与交流电频率之间的关系为

$$n = \frac{60\nu}{p} \tag{6-1}$$

式中,n 为电机转速,r/s;ν 为交流电频率,Hz;p 为磁极对数。

采用实验方法对给料速度 Q 进行标定,方法为:分别记录不同交流电频率下,给料量与时间的对应关系,求得的曲线斜率即为不同交流电频率下的给料速度。给料量与时间对应值见表 6-1。

表 6-1 给料量与时间的对应值

时间/s	给料量/kg			
	10 Hz	20 Hz	30 Hz	40 Hz
30	0.40	1.31	1.64	2.23
60	0.94	2.40	3.33	4.51
90	1.48	3.48	5.01	6.79
120	2.02	4.56	6.70	9.07
150	2.56	5.65	8.39	11.35
180	3.10	6.73	10.07	13.63

根据表 6-1 结果,绘制不同频率下的给料量与时间关系曲线,见图 6-2。

由图 6-2 可得不同频率下给料速度,见表 6-2。

表 6-2 不同频率下给料速度

频率/Hz	给料速度/(kg/s)	给料速度/(kg/h)
10	0.018 0	64.80
20	0.036 1	129.96
30	0.056 2	202.32
40	0.076 0	273.60

根据表 6-2,拟合得到给料速度 Q 与频率 ν 的近似数学关系式为

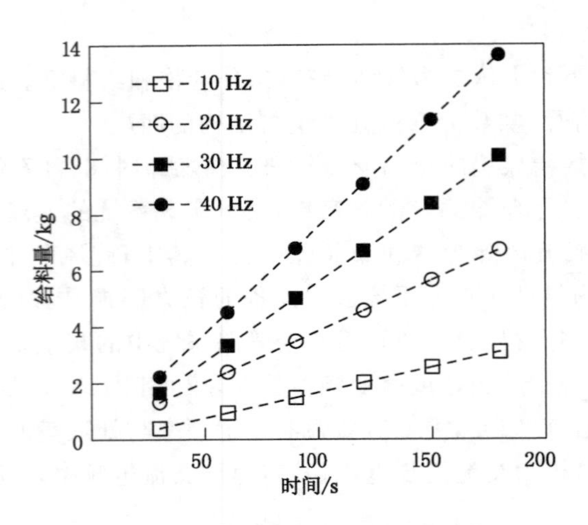

图 6-2　给料量与时间关系曲线

$$Q = 6.99\nu - 7.02 \tag{6-2}$$

式中　Q——给料速度，kg/h；

ν——交流电频率，Hz。

根据式(6-2)即可求得不同交流电频率下对应的给料机单位时间处理量。

6.2　实验原料

按照《煤炭筛分试验方法》(GB/T 477—2008)对入选 6～3 mm 煤样进行筛分实验，得其筛分资料见表 6-3，按照《煤炭浮沉试验方法》(GB/T 478—2008)对 6～3 mm 和 3～1 mm 粒级煤样分别进行浮沉实验，得其浮沉资料见表 6-4 和表 6-5。

表 6-3　粉煤粒度组成

粒级/mm	产率/%	灰分/%	筛下累计	
			产率/%	灰分/%
6～3	36.87	22.70	100.00	21.16
3～1	28.87	20.72	63.13	20.26
1～0	34.26	19.88	34.26	19.88
合计	100.00	21.16		

表 6-4　煤样 6～3 mm 粒级浮沉资料

密度级 /(g/cm³)	产率 /%	灰分/%	浮物累计		沉物累计		分选密度±0.1 含量	
			产率/%	灰分/%	产率/%	灰分/%	密度/(g/cm³)	产率/%
<1.3	31.05	7.74	31.05	7.74	100.00	22.70	1.3	34.50
≥1.3～1.4	18.97	9.38	50.02	8.36	68.95	29.44	1.4	29.35

表 6-4(续)

密度级/($\mathrm{g/cm^3}$)	产率/%	灰分/%	浮物累计		沉物累计		分选密度±0.1含量	
			产率/%	灰分/%	产率/%	灰分/%	密度/($\mathrm{g/cm^3}$)	产率/%
≥1.4～1.5	10.38	14.44	60.40	9.40	49.98	37.06	1.5	19.05
≥1.5～1.6	8.67	19.77	69.07	10.71	39.60	42.98	1.6	14.18
≥1.6～1.8	11.02	27.26	80.09	12.99	30.93	49.49	1.7	11.02
≥1.8～2.0	9.99	41.08	90.08	16.10	19.91	61.80	1.9	9.99
≥2.0	9.92	82.66	100.00	22.70	9.92	82.66		
小计	100.00	22.70						

表 6-5　煤样 3～1 mm 粒级浮沉资料

密度级/($\mathrm{g/cm^3}$)	产率/%	灰分/%	浮物累计		沉物累计		分选密度±0.1含量	
			产率/%	灰分/%	产率/%	灰分/%	密度/($\mathrm{g/cm^3}$)	产率/%
＜1.3	35.08	7.22	35.08	7.22	100.00	20.72	1.3	36.35
≥1.3～1.4	18.81	9.41	53.89	7.98	64.92	28.00	1.4	28.79
≥1.4～1.5	9.98	13.87	63.87	8.90	46.11	35.60	1.5	21.2
≥1.5～1.6	11.22	20.04	75.09	10.56	36.13	41.59	1.6	15.7
≥1.6～1.8	8.95	28.56	84.04	12.49	24.91	51.31	1.7	8.95
≥1.8～2.0	7.96	46.18	92.00	15.40	15.96	64.06	1.9	7.96
≥2.0	8.00	81.85	100.00	20.72	8.00	81.85		
小计	100.00	20.72						

由表 6-3 筛分资料可知，＜6 mm 粉煤总灰分较低，为 21.16%；随着粒度减小，各粒级灰分逐渐减小。

粉煤 6～3 mm 和 3～1 mm 可选性曲线分别见图 6-3(a)和图 6-3(b)。

分析表 6-3、表 6-4 和图 6-3 发现：(1) 粉煤 6～3 mm 和 3～1 mm 中，＜1.3 $\mathrm{g/cm^3}$ 密度级含量较多，中间密度级含量较少，若分选密度高于 1.5 $\mathrm{g/cm^3}$ 时，$\delta\pm0.1$ 含量在 20%以下，可选性等级为易选到中等可选；(2) 粉煤 6～3 mm 和 3～1 mm 中，≥1.8 $\mathrm{g/cm^3}$ 密度级含量大于 15%，且其灰分较高，均为 60%以上，若通过气流分选将此部分高灰矸石排出，精煤灰分将显著降低。

综合以上筛分、浮沉结果可知，各粒级粉煤中矸石灰分较高，低密度级灰分较低，脉动气流分选脱灰提质具有一定的适用性。

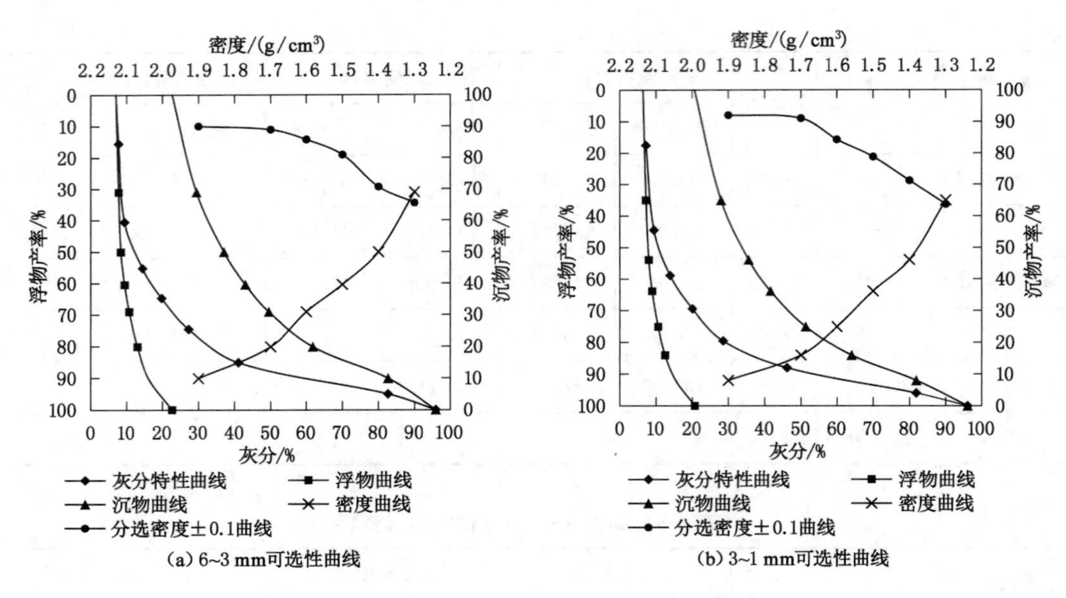

图 6-3　粉煤 6～3 mm 和 3～1 mm 可选性曲线

6.3　粉煤气流分选效果

分别对 6～3 mm、3～1 mm 和 1～0 mm 三个粒级煤样在相同条件下进行连续分选实验，并综合各粒级分选实验结果，可得 6～0 mm 粒级粉煤的综合分选效果。

实验条件为：主风量为恒定流 235 m^3/h、250 m^3/h、260 m^3/h 和 270 m^3/h，脉冲风量为 10 m^3/h，周期为 2 s，脉动阀门开闭时间比为 1∶1，处理量为 65 kg/h 和 200 kg/h。

6.3.1　粉煤 6～3 mm 粒级气流分选效果

上述实验条件下，粉煤 6～3 mm 粒级气流分选实验各分配曲线见图 6-4。

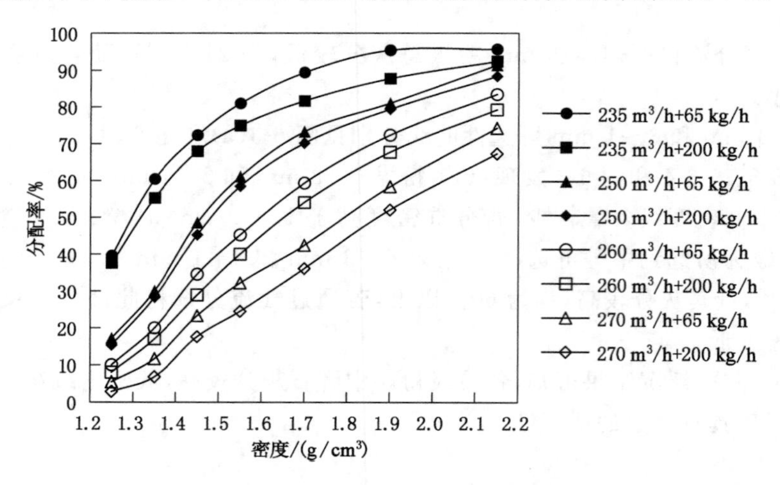

图 6-4　粉煤 6～3 mm 分选实验分配曲线

由图 6-4 可知:(1) 相同处理量条件下,主风量增大,分配曲线向下移动,分选密度升高,且可能偏差 E 值增大;(2) 相同风量条件下,处理量增大,分配曲线向下移动,分选密度升高,可能偏差 E 值增大。各分选实验分选密度和可能偏差值见表 6-6。

表 6-6 分选密度和可能偏差

评价指标	主风量							
	235 m³/h		250 m³/h		260 m³/h		270 m³/h	
	65 kg/h	200 kg/h	65 kg/h	200 kg/h	65 kg/h	200 kg/h	65 kg/h	200 kg/h
分选密度/(g/cm³)	1.29	1.32	1.46	1.48	1.59	1.64	1.70	1.97
可能偏差/(g/cm³)	0.130	0.165	0.210	0.255	0.325	0.345	0.355	0.325

显然,当风量≥260 m³/h 时,可能偏差迅速增大,分选精度降低。低风量条件下,可能偏差虽然较小,但低密度级在重产物中的分配率过高,精煤损失严重,为保证精煤回收率,应采用风量>260 m³/h 对 6～3 mm 粉煤进行分选。此外,处理量增大,也会导致可能偏差增大,分选精度降低,因此宜将处理量控制在 200 kg/h 以下。

表 6-7 所列为各分选实验实际测得的产率和灰分结果。结合表 6-3 中 6～3 mm 粉煤灰分为 22.70%可知,采用脉动气流分选技术排出部分矸石后,精煤灰分显著降低;当主风量为 270 m³/h、处理量为 200 kg/h 时,数量效率可达 81.14%。

表 6-7 粉煤 6～3 mm 分选实验结果

数量、质量指标		主风量							
		235 m³/h		250 m³/h		260 m³/h		270 m³/h	
		65 kg/h	200 kg/h	65 kg/h	200 kg/h	65 kg/h	200 kg/h	65 kg/h	200 kg/h
精煤	产率/%	32.85	37.37	53.39	55.69	63.56	67.25	73.03	78.02
	灰分/%	11.45	13.07	13.04	13.55	14.52	15.16	16.04	16.78
尾煤	产率/%	67.15	62.63	46.61	44.31	36.44	32.75	26.97	21.98
	灰分/%	28.20	28.45	33.77	34.20	36.97	38.18	40.73	43.71
数量效率/%		56.43	45.25	46.14	65.91	67.10	75.69	77.22	81.14

6.3.2 粉煤 3～1 mm 粒级气流分选效果

上述实验条件下,粉煤 3～1 mm 粒级气流分选实验各分配曲线见图 6-5。

由图 6-5 可知,3～1 mm 粒级粉煤经过分选后,各密度级在重产物中分配率都较低,采用上述实验条件进行分选,仅能排出 3～1 mm 粒级中的极少部分矸石。表 6-8 所列为各分选实验实际测得的产率和灰分结果。

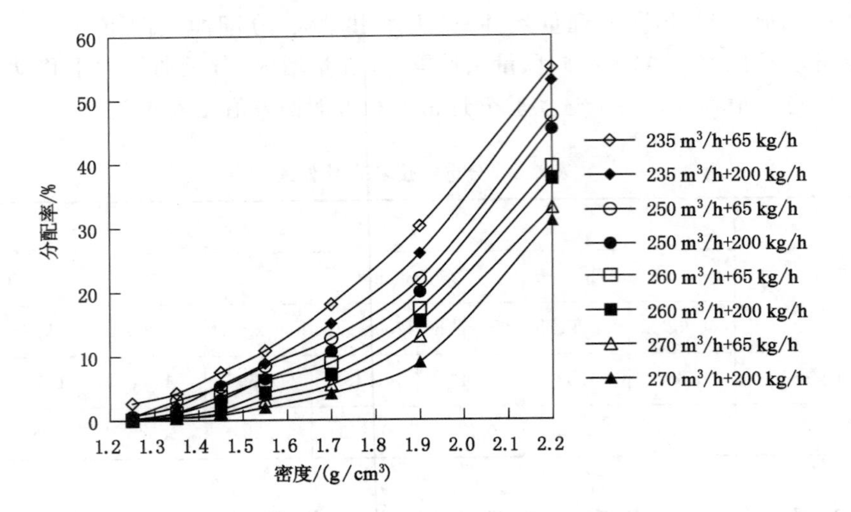

图 6-5　粉煤 3～1 mm 分选实验分配曲线

表 6-8　粉煤 3～1 mm 分选实验结果

数量、质量指标		主风量							
		235 m^3/h		250 m^3/h		260 m^3/h		270 m^3/h	
		65 kg/h	200 kg/h	65 kg/h	200 kg/h	65 kg/h	200 kg/h	65 kg/h	200 kg/h
精煤	产率/%	87.87	90.14	90.17	92.49	93.30	94.35	95.29	96.06
	灰分/%	17.13	17.28	17.13	17.86	18.27	18.42	18.72	18.93
尾煤	产率/%	12.13	9.86	9.83	7.51	6.70	5.65	4.71	3.94
	灰分/%	46.73	52.17	53.65	55.94	54.84	59.13	61.18	64.36
数量效率/%		92.49	93.01	93.65	94.02	94.87	95.66	96.17	98.52

根据表 6-8 可知，3～1 mm 粒级粉煤经气流分选后，也可排出部分矸石，一定程度上降低精煤灰分，此时，分选数量效率较高，最高可达 98.52%。通过实验室现场观测分选产品可知，其排出的部分主要为大粒度重颗粒。

6.3.3　粉煤 1～0 mm 粒级气流分选效果

分别在 235 m^3/h、250 m^3/h、260 m^3/h 和 270 m^3/h 四个主风量条件下对粉煤 1～0 mm 粒级进行分选，发现，在上述风量条件下，1～0 mm 粒级粉煤 100%进入轻产物收集装置，即在该条件下，分选机对 1～0 mm 粒级没有分选作用。

6.3.4　粉煤 6～0 mm 粒级总体分选效果

结合粉煤筛分实验资料，可得不同条件下 6～0 mm 粒级粉煤总体连续分选实验效果。将 260 m^3/h 和 270 m^3/h 主风量条件下的粉煤气流分选总体效果进行汇总，见表 6-9。

表 6-9　6～0 mm 粉煤脱灰效果

数量、质量指标		分选条件			
		260 m³/h		270 m³/h	
		65 kg/h	200 kg/h	65 kg/h	200 kg/h
精煤	产率/%	84.63	86.29	88.70	90.76
	灰分/%	17.88	18.06	18.35	18.61
尾煤	产率/%	15.37	13.71	11.30	9.24
	灰分/%	39.22	40.68	43.21	46.27
6～1 mm 数量效率/%		85.13	87.49	90.01	91.02

分析表 6-9 分选结果，并结合 6～0 mm 粉煤筛分资料可知，采用气流分选可降低精煤灰分 2.55%～3.28%，相对 6～0 mm 粉煤灰分降低 12.05%～15.50%；主风量为 270 m^3/h、处理量为 200 kg/h 时，6～1 mm 粉煤分选数量效率可达 91.02%。

参考文献

[1] 吴璘,孙宝东,朱吉茂,等.关于我国煤炭供需统计与消费达峰的再认识[J].能源科技,2022,20(3):3-7.

[2] 高宏杰.煤炭行业发展现状和供需形势分析[J].中国煤炭工业,2022(3):75-77.

[3] 段文婷.煤炭资源利用现状及可持续发展[J].矿业装备,2022(2):134-135.

[4] 赵福阳.解读煤炭洗选加工在洁净煤技术发展中的现状和趋势[J].矿业装备,2022(4):184-186.

[5] 杨昊睿,宁树正,丁恋,等.新时期我国煤炭产业现状及对策研究[J].中国煤炭地质,2021,33(增刊):44-48.

[6] 袁惊柱."十四五"时期加快推动我国煤炭工业高质量发展[J].中国发展观察,2021(23):64-67.

[7] 刘常平,张时聪,杨芯岩,等."十三五"我国建筑领域煤炭消耗总量计算研究[J].中国能源,2021,43(2):28-33,77.

[8] 陈家仁.搞好煤炭的高效洁净利用,治理雾霾污染[J].中国能源,2013,35(11):5-8.

[9] 陈清如,杨玉芬.21 世纪高效干法选煤技术的发展[J].中国矿业大学学报,2001,30(6):527-530.

[10] 韦鲁滨,陈志林,郝曙华,等.干法选煤研究现状与展望[C]//中国科学技术协会.提高全民科学素质、建设创新型国家:2006 中国科协年会论文集(下册).[出版者不详],2006:3680-3685.

[11] 杨云松,李功民,孙连兴.褐煤的干法选煤实践[J].选煤技术,2009(4):40-42.

[12] 陈鹏.中国煤炭性质、分类和利用.[M].2 版.北京:化学工业出版社,2007.

[13] 初茉,高晶晶.褐煤低温热解提质试验研究[J].煤炭科学技术,2012,40(10):95-99.

[14] 尹立群.我国褐煤资源及其利用前景[J].煤炭科学技术,2004,32(8):12-14.

[15] 韦鲁滨,朱学帅,马力强,等.褐煤空气重介质流化床干法分选与干燥一体化研究[J].煤炭科学技术,2013,41(6):125-128.

[16] 骆振福,FAN M,陈清如,等.振动参数对流化床分选性能的影响[J].中国矿业大学学报,2006,35(2):209-213.

[17] SAHU A K,TRIPATHY A,BISWAL S K,et al. Stability study of an air dense medium fluidized bed separator for beneficiation of high-ash Indian coal [J]. International journal of coal preparation and utilization,2011,31(3/4):127-148.

[18] YANG Y,LI M. Study and application of the compound dry separation technology [C]//Proceedings of international symposium on dry coal cleaning, coal cleaning technology. Xuzhou: China University of Mining and Technology Press, 2002:

123-136.

[19] SHAPIRO M, GALPERIN V. Air classification of solid particles: a review[J]. Chemical engineering and processing: process intensification, 2005, 44(2): 279-285.

[20] MOHANTA S, CHAKRABORTY S, MEIKAP B C. Optimization process of an air dense medium fluidized bed separator for treating high-ash non-coking Indian coal [J]. Mineral processing and extractive metallurgy review, 2013, 34(4): 240-248.

[21] OSHITANI J, TANI K, TAKASE K, et al. Fluidized bed medium separation (FBMS) for dry coal cleaning[J]. Journal of the society of powder technology, Japan, 2004, 41(5): 334-341.

[22] 陈金庸. 丰海筛选厂配煤均化系统工艺改造[J]. 煤矿机械, 2004, 25(3)109-110.

[23] 王海锋. 摩擦电选过程动力学及微粉煤强化分选研究[D]. 徐州: 中国矿业大学, 2010.

[24] 曾鸣, 郑建中, 邵绪新, 等. 高梯度磁选煤脱硫的理论基础及实验研究[J]. 洁净煤技术, 1996, 2(1): 20-24.

[25] 马昊伟. 基于激光检测技术的干法选煤系统的探索性研究[D]. 西安: 陕西科技大学, 2012.

[26] 骆振福, 陶秀祥, 陈清如, 等. 空气重介流化床低密度选煤的理论与实践[J]. 中国矿业大学学报, 1996, 25(3): 48-53.

[27] YOSHIDA M, OSHITANI J, OKUDA K, et al. Fluidized bed medium separation (FBMS) of mortar and gravel for recycle of waste concrete[J]. Journal of the society of powder technology, Japan, 2006, 43(4): 260-269.

[28] SAHU A K, BISWAL S K, PARIDA A. Development of air dense medium fluidized bed technology for dry beneficiation of coal: a review[J]. International journal of coal preparation and utilization, 2009, 29(4): 216-241.

[29] SAHU A K, BISWAL S K, PARIDA A, et al. Study of dynamic stability of medium in fluidized bed separator[J]. Transactions of the Indian Institute of Metals, 2005, 56: 103-107.

[30] 韦鲁滨, 李凌月, 万光显, 等. 新型空气重介质流化床分选机半工业性试验研究[J]. 煤炭科学技术, 2014, 42(5): 107-109.

[31] ZHAO X N, WEI L B, LV W. The transportation performance of gangue in a vibrated fluidized bed separator[J]. Journal of chemical engineering of Japan, 2014, 47(6): 452-456.

[32] 梁世红, 曾鸣, 李凌月, 等. 一种新型干法分选设备的研究[J]. 煤炭加工与综合利用, 2011(4): 15-17.

[33] 刘维生. 风力跳汰干法选煤系统的研究[J]. 矿山机械, 2010, 38(11): 95-98.

[34] 王敦曾. 选煤新技术的研究与应用[M]. 修订版. 北京: 煤炭工业出版社, 2005.

[35] 任尚锦, 刘明山, 孟宝. 我国第一台末煤风力跳汰机的研制及应用[J]. 煤炭加工与综合利用, 2009(4): 30-31.

[36] 任尚锦, 孙鹤, 夏玉才, 等. 干法末煤跳汰机的研制及应用[J]. 煤炭加工与综合利用, 2015(11): 9-11.

[37] 邓晓阳,吴影.最近五年国内外选煤设备点评[J].选煤技术,2003(6):40-47.
[38] 刘峰.近年选煤技术综合评述[J].选煤技术,2003(6):1-13.
[39] 杨云松,李功民.大型复合式干法选煤设备的开发和应用[J].选煤技术,2008(4):47-50.
[40] CHEN Q R,WEI L B. Coal dry beneficiation technology in China:the state-of-the-art[J]. China particuology,2003,1(2):52-56.
[41] 李功民,杨云松.复合式干法选煤技术在中国的应用[J].煤炭加工与综合利用,2006(5):33-36.
[42] 张汉臣,赵保太.复合式干法选煤成套设备在新峰一矿的应用[J].中国煤炭,2003,29(6):52.
[43] 孙晓华,刘雪梅,李功民.复合式干法选煤工艺在分选煤矸石中的应用[J].选煤技术,2008(3):49-50.
[44] 王新华,郭建英.振幅对复合式干选机分选效果的影响研究[J].选煤技术,2012(5):6-9.
[45] LUO Z F,ZHAO Y M,CHEN Q R,et al. Separation characteristics for fine coal of the magnetically fluidized bed[J]. Fuel processing technology,2002,79(1):63-69.
[46] 杨旭亮,赵跃民,骆振福,等.振动流态化的能量传递机制及对细粒煤的分选研究[J].中国矿业大学学报,2013,42(2):266-270.
[47] MURILO D M I,WELLINGTON S B,MAICON N O A,et al. Pneumatic separation of hulls and meats from cracked soybeans[J]. Food and bioproducts processing,2009,87(4):237-246.
[48] EISSA A H A. Aerodynamic and solid flow properties for flaxseeds for pneumatic separation by using air stream[J]. International journal of agricultural and biological engineering,2009,2(4):31-45.
[49] 李晓,熊安言.FX6 型就地风选器在梗签风选中的应用[J].烟草科技,2006,39(8):9-11.
[50] 殷进,李光明,徐敏,等.废弃印刷线路板中金属的气流分选富集[J].扬州大学学报(自然科学版),2008,11(2):74-78.
[51] 周旭,朱曙光,次西拉姆,等.废锂离子电池负极材料的机械分离与回收[J].中国有色金属学报,2011,21(12):3082-3086.
[52] 陈金发,侯明明,宁平.城市生活垃圾综合处理方法的选择[J].中国资源综合利用,2004,22(3):31-33.
[53] G·提墨尔,刘建远,李长根.残余废弃物的气流分选[J].国外金属矿选矿,2006,43(10):32-36.
[54] 李金亮.城市生活垃圾塑料前分选关键技术研究[D].淄博:山东理工大学,2008.
[55] 丁涛,夏志东,毛倩瑾,等.废弃印刷线路板的气流分选研究[J].电子工艺技术,2006,27(6):348-351.
[56] 杨先海.城市生活垃圾压缩和分选技术及机械设备研究[D].西安:西安理工大学,2004.

[57] 孙鹏文,王飞,闫金顺,等.基于 DPM 的城市生活垃圾卧式气流分选流场仿真分析[J].内蒙古工业大学学报(自然科学版),2013(2):101-106.
[58] 李兵,赵由才,施庆燕,等.城市生活垃圾卧式气流分选的设计研究[J].宁波大学学报(理工版),2007,20(2):184-188.
[59] 李兵,赵由才,施庆燕,等.上海市生活垃圾分选模式研究[J].同济大学学报(自然科学版),2007,35(4):507-510.
[60] 高春雨,郭仁宁,纪俊红.城市生活垃圾风力分选效率研究[J].辽宁工程技术大学学报(自然科学版),2005,24(增刊):278-279.
[61] 吴林彦.城市生活垃圾风力分选设备数值模拟与优化设计研究[D].北京:北京工业大学,2012.
[62] 丁涛.废弃印刷线路板资源化成套技术研究[D].北京:北京工业大学,2007.
[63] STESSEL R I, PEIRCE J J. Particle separation in pulsed airflow[J]. Journal of engineering mechanics,1987,113(10):1594-1607.
[64] PEIRCE J J, WITTENBERG N. Zigzag configurations and air classifier performance [J]. Journal of energy engineering,1984,110(1):36-48.
[65] VESILIND P A, PEIRCE J J, MCNABB M. Predicting particle behaviour in air classifiers[J]. Conservation and recycling,1982,5(4):209-213.
[66] 伊藤信一,刘宗炎,林皓.加速柱式风力分选机的开发:铜和铝的分选[J].国外金属矿选矿,2003,40(5):38-42.
[67] 段晨龙,何亚群,王海锋,等.阻尼式脉动气流分选装置分选机理的基础研究[J].中国矿业大学学报,2003,32(6):725-728.
[68] 段晨龙,何亚群,赵跃民,等.阻尼式脉动气流分选装置处理电子废弃物的基础研究[J].环境工程,2005,23(4):53-55.
[69] 何亚群,王海锋,段晨龙,等.阻尼式脉动气流分选装置的流场分析[J].中国矿业大学学报,2005,34(5):574-578.
[70] STESSEL R I, PEIRCE J J. Comparing pulsing classifiers for waste-to-energy[J]. Journal of energy engineering,1986,112(1):1-13.
[71] EVERETT J W, PEIRCE J J. The development of pulsed flow air classification theory and design for municipal solid waste processing[J]. Resources, conservation and recycling,1990,4(3):185-202.
[72] DUAN C L, HE Y Q, ZHAO Y M, et al. Development and application of the active pulsing air classification[J]. Procedia Earth and planetary science, 2009, 1(1): 667-672.
[73] 贺靖峰,何亚群,段晨龙,等.主动脉动气流分选回收 PC 插槽中金属的实验研究[J].环境科技,2009,22(1):1-3.
[74] HE Y Q, DUAN C L, WANG H F, et al. Separation of metal laden waste using pulsating air dry material separator[J]. International journal of environmental science and technology,2011,8(1):73-82.
[75] 宋树磊,何亚群,赵跃民,等.主动脉动气流分选回收金属的基础研究[J].环境工程,

2008,26(4):17-20.
[76] 王海锋,宋树磊,何亚群,等.电子废弃物脉动气流分选的实验研究[J].中国矿业大学学报,2008,37(3):379-382.
[77] 王帅,何亚群,王海锋,等.细粒煤主动脉动气流分选试验研究[J].选煤技术,2010(3):4-8.
[78] 周国平,王锐利,吴任超,等.工业废催化剂回收贵金属工艺及前处理技术研究[J].中国资源综合利用,2011,29(8):26-30.
[79] 徐敏,李光明,殷进,等.废弃线路板的破碎解离和气流分选研究[J].环境科学与技术,2007,30(5):72-74.
[80] 高英力,周士琼.分形理论在电收尘气流分选粉煤灰粒度分析及其水化性能评价中的应用[J].粉煤灰,2004,16(4):7-9.
[81] 宋维源,李春林.卧式煤粒风流分选设备机理[J].辽宁工程技术大学学报(自然科学版),2007,26(5):676-678.
[82] STESSEL R I,PEIRCE J J. Pulsed-flow air classification for waste-to-energy[J]. Journal of energy engineering,1983,109(2):60-73.
[83] STESSEL R I,PEIRCE J J. Separation of solid waste with pulsed airflow[J]. Journal of environmental engineering,1985,111(6):833-849.
[84] CROWE P B,PEIRCE J J. Particle density and air-classifier performance[J]. Journal of environmental engineering,1988,114(2):382-399.
[85] JACKSON C R,STESSEL R I,PEIRCE J J. Passive pulsing air-classifier theory[J]. Journal of environmental engineering,1988,114(1):106-109.
[86] 何亚群,赵跃民.脉动气流分选[M].北京:化学工业出版社,2009.
[87] 何亚群,赵跃民,段晨龙,等.主动脉动气流分选动力学模型及其数值模拟[J].中国矿业大学学报,2008,37(2):157-162.
[88] 葛林瀚.颗粒在脉动气流场中的运动与分离规律[D].徐州:中国矿业大学,2015.
[89] SHUKLA S K, SHUKLA P, GHOSH P. Evaluation of numerical schemes using different simulation methods for the continuous phase modeling of cyclone separators [J]. Advanced powder technology,2011,22(2):209-219.
[90] BOEMER A,QI H,RENZ U. Eulerian simulation of bubble formation at a jet in a two-dimensional fluidized bed[J]. International journal of multiphase flow,1997,23(5):927-944.
[91] MATUTTIS H G,LUDING S,HERRMANN H J. Discrete element simulations of dense packings and heaps made of spherical and non-spherical particles[J]. Powder technology,2000,109(1/2/3):278-292.
[92] SINCLAIR J L,JACKSON R. Gas-particle flow in a vertical pipe with particle-particle interactions[J]. AIChE Journal,1989,35(9):1473-1486.
[93] 贺靖峰,赵跃民,何亚群,等.基于Euler-Euler模型的空气重介质流化床密度分布特性[J].煤炭学报,2013,38(7):1277-1282.
[94] 贺靖峰.基于欧拉-欧拉模型的空气重介质流化床多相流体动力学的数值模拟[D].中

国矿业大学,2012.

[95] BRANDANI S,ZHANG K. A new model for the prediction of the behaviour of fluidized beds[J]. Powder technology,2006,163(1/2):80-87.

[96] PENG Z B,DOROODCHI E,LUO C M,et al. Influence of void fraction calculation on fidelity of CFD-DEM simulation of gas-solid bubbling fluidized beds[J]. AIChE journal,2014,60(6):2000-2018.

[97] 王子云,付祥钊,仝庆贵. 旋风除尘器的气固两相流的数值模拟与分析[J]. 河南科技大学学报(自然科学版),2007,28(4):53-56.

[98] TSUJI Y,TANAKA T,ISHIDA T. Lagrangian numerical simulation of plug flow of cohesionless particles in a horizontal pipe[J]. Powder technology,1992,71(3):239-250.

[99] HE J F,HE Y Q,ZHAO Y M,et al. Numerical simulation of the pulsing air separation field based on CFD[J]. International journal of mining science and technology,2012,22(2):201-207.

[100] 贺靖峰,何亚群,段晨龙,等. 脉动气流回收蛭石的实验研究与数值模拟[J]. 中国矿业大学学报,2010,39(4):557-562.

[101] 韦鲁滨. 双密度层流化床的形成特性[J]. 中南工业大学学报,1998(2):123-126.

[102] 韦鲁滨. 双密度层流化床形成机理[J]. 中南工业大学学报,1998(4):330-333.

[103] SCHUT S B,VAN DER MEER E H,DAVIDSON J F,et al. Gas-solids flow in the diffuser of a circulating fluidised bed riser[J]. Powder technology,2000,111(1/2):94-103.

[104] MIURA K,HASHIMOTO K,INOOKA H,et al. Model-less visual servoing using modified simplex optimization[J]. Artificial life and robotics,2006,10(2):131-135.

[105] 赵小楠. 粉煤变径脉冲气流分选技术研究[D]. 北京:中国矿业大学(北京),2014:67-75.

[106] 韦鲁滨,李大虎,陈赞歌,等. 颗粒在脉动气流场中受力和分选的数值模拟[J]. 中国矿业大学学报,2017,46(1):162-168.

[107] OON C S,TOGUN H,KAZI S N,et al. Numerical simulation of heat transfer to separation air flow in an annular pipe[J]. International communications in heat and mass transfer,2012,39(8):1176-1180.

[108] 刘长海. 脉冲-旋风组合气流干燥系统研究[J]. 食品科学,2002,23(3):132-135.

[109] MEZHERICHER M,LEVY A,BORDE I. Three-dimensional modelling of pneumatic drying process[J]. Powder technology,2010,203(2):371-383.

[110] OON C S,AL-SHAMMA'A A,KAZI S N,et al. Simulation of heat transfer to separation air flow in a concentric pipe[J]. International communications in heat and mass transfer,2014,57:48-52.

[111] ZBICINSKI I. Equipment,technology,perspectives and modeling of pulse combustion drying[J]. Chemical engineering journal,2002,86(1/2):33-46.

[112] 侯浩. 褐煤柱式脉动气流分选干燥协同提质研究[D]. 徐州:中国矿业大学,2016.

[113] 韩树晓.粉煤流化床干燥分级一体化工艺试验研究[D].北京:中国科学院大学,2013.
[114] 同济大学数学系.高等数学[M].6 版.北京:高等教育出版社,2007:112-115.
[115] 刘小兵,程良骏.Basset 力对颗粒运动的影响[J].四川工业学院学报,1996(2):55-63.
[116] 黄社华,李炜,程良骏.任意流场中稀疏颗粒运动方程及其性质[J].应用数学和力学,2000,21(3):265-276.
[117] 岑可法,樊建人.煤粉颗粒在气流中的受力分析及其运动轨迹的研究[J].浙江大学学报(自然科学版),1987(6):6-16.
[118] HAIDER A,LEVENSPIEL O. Drag coefficient and terminal velocity of spherical and nonspherical particles[J]. Powder technology,1989,58(1):63-70.
[119] MORSI S A,ALEXANDER A J. An investigation of particle trajectories in two-phase flow systems[J]. Journal of fluid mechanics,1972,55(2):193-208.
[120] OUNIS H,AHMADI G,MCLAUGHLIN J B. Brownian diffusion of submicrometer particles in the viscous sublayer[J]. Journal of colloid and interface science,1991,143(1):266-277.
[121] RAHMAN A,STILLINGER F H. Molecular dynamics study of liquid water[J]. The journal of chemical physics,1971,55(7):3336-3359.
[122] MORADIAN N,TING S K,CHENG S. The effects of freestream turbulence on the drag coefficient of a sphere[J]. Experimental thermal and fluid science,2009,33(3):460-471.
[123] 樊建人,岑可法.在脉动气流中煤粉颗粒群运动时阻力系数的数值计算[J].浙江大学学报,1986,20(6):17-26.
[124] DONOVAN F M,MCILWAIN R W,MITTMANN D H,et al. Experimental correlations to predict fluid resistance for simple pulsatile laminar flow of incompressible fluids in rigid tubes[J]. Journal of fluids engineering,1994,116(3):516-521.
[125] 刘宇生,谭思超,高璞珍,等.矩形通道内脉动层流阻力特性实验研究[J].原子能科学技术,2013,47(2):223-228.
[126] LECLAIR B P,HAMIELEC A E. Viscous flow through particle assemblages at intermediate reynolds numbers:a cell model for transport in bubble swarms[J]. The Canadian journal of chemical engineering,1971,49(6):713-720.
[127] MAO Z S. Numerical simulation of viscous flow through spherical particle assemblage with the modified cell model[J]. Chinese journal of chemical and engineers,2002,10(2):149-162.
[128] KENDOUSH A A. Hydrodynamic model for bubbles in a swarm[J]. Chemical engineering science,2001,56(1):235-238.
[129] 张小辉,刘柏谦,王立刚.燃煤流化床大颗粒形貌特征和空间分布特性[J].过程工程学报,2009,9(增刊 2):195-199.
[130] 刘利斌,王伟.四阶 Runge-Kutta 算法的优化分析[J].成都大学学报(自然科学版),2007,26(1):19-21.

[131] 吴雪林.基于脉动能量强化振动分选床中颗粒分离机制与数值模拟[D].中国矿业大学,2017.

[132] 陶有俊,TAO D,赵跃民,等.采用 Design-Expert 设计进行优化 Falcon 分选试验[J].中国矿业大学学报,2005,34(3):343-348.

[133] 任浩华,关杰,王芳杰,等.采用 Design-Expert 软件优化高频气力分选机风量配合设计[J].环境污染与防治,2013,35(7):27-30.

[134] 张荣曾.重力分选中的分配曲线形态及特性参数的研究[J].煤炭学报,1980(1):37-46.

[135] 樊民强,张荣曾.分配曲线特性参数及由其构成的数学模型[J].煤炭学报,1998,23(2):202-207.

[136] 谢广元.选矿学[M].3 版.徐州:中国矿业大学出版社,2016.

[137] 孙玉波.重力选矿[M].修订版.北京:冶金工业出版社,1993.

[138] STUHMILLER J H. The influence of interfacial pressure forces on the character of two-phase flow model equations[J]. International journal of multiphase flow,1977,3(6):551-560.

[139] DING J M,GIDASPOW D. A bubbling fluidization model using kinetic theory of granular flow[J]. AIChE journal,1990,36(4):523-538.

[140] STRACK O D L,CUNDALL P A. The distinct element method as a tool for research in granular media[R]. [S. l.]: Department of Civil and Mineral Engineering,University of Minnesota,1978.

[141] LUN C K K,SAVAGE S B,JEFFREY D J,et al. Kinetic theories for granular flow: inelastic particles in Couette flow and slightly inelastic particles in a general flowfield[J]. Journal of fluid mechanics,1984,140:223-256.

[142] GIDASPOW D,ETTEHADIEH B. Fluidization in two-dimensional beds with a jet. 2. Hydrodynamic modeling[J]. Industrial and engineering chemistry fundamentals,1983,22(2):193-201.

[143] GOSMAN A D,LOANNIDES E. Aspects of computer simulation of liquid-fueled combustors[J]. Journal of energy,1983,7(6):482-490.

[144] 郑钢镖,康天合,柴肇云,等.运用 Rosin-Rammler 分布函数研究煤尘粒径分布规律[J].太原理工大学学报,2006,37(3):317-319.